Guillermo Copello

Sol-gel: nuevas matrices para la modificación de superficies

Guillermo Copello

Sol-gel: nuevas matrices para la modificación de superficies

Aplicación en Química Analítica y en procesos biotecnológicos

PUBLICIA

Imprint

Cover image: www.ingimage.com

Publisher:
PUBLICIA
is a trademark of
International Book Market Service Ltd., member of OmniScriptum Publishing Group
17 Meldrum Street, Beau Bassin 71504, Mauritius
Printed at: see last page
ISBN: 978-3-639-55426-7

Zugl. / Aprobado por: Buenos Aires, Universidad de Buenos Aires, Año 2008

Agradecimientos

A la Universidad de Buenos Aires por la beca de Doctorado otorgada,

A la Universidad de Buenos Aires, al CONICET y a la ANPCYT por los subsidios otorgados al grupo de investigación,

A la Facultad de Farmacia y Bioquímica por proporcionar el ámbito académico-intelectual y la infraestructura necesaria para el desarrollo de una tesis doctoral,

A la Cátedra de Química Analítica Instrumental y a sus integrantes, por brindar el ámbito humano necesario para el desarrollo de toda labor,

A las raíces del grupo de sol-gel, Dr. Luis E. Díaz y Dr. Martín F. Desimone, a sus meristemas, Gisela S. Álvarez, Jéssica Bertinatto, Victoria Tuttolomondo y Lucía Foglia, y al resto de sus hojas,

A los todos los integrantes de la Cátedra de Química Analítica Instrumental, dudo que alguno no haya influido positivamente en el desarrollo de este trabajo,

Al Dr. Miguel D'Aquino, Sergio Teves y José Degrossi por los conocimientos y ayuda microbiológica, y su indispensable predisposición,

Al Dr. Mauricio De Marzi por el apoyo inmunológico y el ritmo de trabajo,

A Rocío Martínez Vivot y Florencia Varela por la ayuda incondicional en los experimentos,

A Sergio A. Giorgieri y Silvia L. Iglesias por la tenacidad y el ímpetu, dignos de imitar,

Al Prof. Dr. Luis E. Díaz y a Luis E. Díaz por su dirección y apoyo en el campo científico y todos sus alcances, que son muchos,

A todo el que se sienta emotivamente omitido, porque el agradecimiento sentimental se evadió deliberadamente.

<<No olvides los detalles, sobre todo no olvides los detalles; cuanto más minúsculo es un rasgo, más importante es a veces. >>

Versilov a Arcadio Makarovitch en "*El Adolescente*", F. M. Dostoievski.

Durante el desarrollo de la presente tesis el trabajo del los integrantes del grupo de investigación permitió la publicación de trabajos científicos relacionados con la temática presentada. Los resultados aquí presentados dieron lugar a cuatro de estas publicaciones y un trabajo en redacción:

1. Antimicrobial activity on glass materials subject to disinfectant xerogel coating. *Journal of Industrial Microbiology & Biotechnology* (2006) 33: 343-348. G. J. Copello, S. Teves, J. Degrossi, M. D'Aquino, M. Desimone, L. Díaz.

2. Antibodies Detection Employing Sol-gel Immobilized Parasites. *Journal of Immunological Methods* (2008) 335: 65-70. G. J. Copello, M. De Marzi, M. Desimone, E. Malchiodi, L. Díaz.

3. Proving the Antimicrobial Spectrum of an Amphoteric Surfactant-Sol-gel Coating. A Foodborne Pathogen Study. *Journal of Industrial Microbiology & Biotechnology* (2008) 35(9): 1041-1046. G. J. Copello, S. Teves, J. Degrossi, M. D'Aquino, M. Desimone, L. Díaz.

4. Immobilized Chitosan as Biosorbent for the Removal of Cd (II), Cr (III) and Cr (VI) from Aqueous Solutions. *Bioresource Technology* (2008) 99: 6538-6544. G. J. Copello, F. Varela, R. Martínez Vivot, L. Díaz.

5. Preconcentration and Determination of Lead by ETAAS after Silicate Film Solid-Phase Extraction. **En Redacción 2008**. G. J. Copello, R. Martínez Vivot, F. Varela, L. Díaz

ÍNDICE

INTRODUCCIÓN

Introducción

Historia

La química que utiliza la transición de estado sol a gel es conocida desde mediados de 1800. En esta época es cuando los químicos comienzan a estudiar comportamiento, estabilidad y reactividad de sustancias que posteriormente, en el siglo siguiente, se integrarán dentro de la familia de precursores poliméricos utilizados en la química sol-gel. La primera mención de geles de polisilicatos obtenidos a partir de la hidrólisis de $SiCl_4$, data de 1824. Ebelmen divulga sus resultados informando haber obtenido materiales parecidos al vidrio.

Posteriormente Mendeleyev describe en 1850 la solvólisis del $SiCl_4$ con agua, la consecuente producción de ácido silícico ($Si(OH)_4$) y su posterior condensación para generar un gel (Brinker y Scherer, 1990).

Estos descubrimientos descriptos en su mayoría desde una perspectiva puramente química fueron divulgados sin ser hallados como algo de mayor interés por los científicos de la época.

Su resurgimiento tuvo lugar en 1930; en esta época fue cuando Geffcken comienza a desarrollar estrategias para aplicar el proceso sol-gel en la obtención de recubrimientos de óxidos de metales y óxidos de silicio. Este proceso fue posteriormente desarrollado por la compañía de vidrio Schott de Alemania para su aplicación, actualmente existente (Hench y West, 1990). El renovado interés despertado por la temática llevó a un aumento en el volumen de proyectos de investigación enmarcados hacia esta área. Esto motivó una etapa de investigación sostenida en dicha química hasta la década del 70, donde las expectativas por los alcances de los materiales obtenidos volvieron a crecer con renovado interés. El número de investigaciones basadas en el proceso sol-gel en 1970 se dispara gracias a la obtención de un gel monolítico inorgánico que luego del secado se convierte en "vidrio sólido" sin la necesidad de altas temperaturas o el proceso de fundición (Pierre, 1998). Este descubrimiento funcionó como puntapié inicial de un área nueva en la química de materiales, o al menos amplificó exponencialmente la potencialidad del proceso sol-gel y todas sus aplicaciones.

Las estrategias de síntesis de los materiales dieron origen a la obtención de polímeros inorgánicos completamente homogéneos con gran estabilidad química, térmica y transparencia óptica. Sumado a estas características los beneficios resaltaron por la versatilidad del procedimiento químico que permitía la síntesis de los polímeros regulando su entrecruzamiento, porosidad, así como su combinación con otros óxidos de metales. Los alcances de estos descubrimientos llegan a campos tan diversos como electrónica, combustibles (catalizadores), sistemas de comunicación, etc. Dentro de estos desarrollos existen muchos ejemplos dignos de ser mencionados, por lo que se resume a la presentación de algunos de ellos, como por ejemplo avances en el área de fibras ópticas, fotosensibilizadores para conversión de energía solar, catalizadores de reacciones químicas, lentes ópticas y circuitos integrados utilizados en electrónica (Badini, *et al.*, 1996; Øye, *et al.*, 2006).

Un campo de aplicación importante para la química sol-gel, como lo demuestran muchas de las aplicaciones actuales, es el de la generación de recubrimientos. La posibilidad de generar recubrimientos con características superficiales modulables ha llevado a diversos grupos de investigación, tanto en universidades como en importantes compañías multinacionales, a especializarse en el tema. Muchos de los desarrollos obtenidos en este ámbito son de uso actual y entre ellos pueden mencionarse la obtención de recubrimientos sobre: lentes de contacto, para agregar hidrofobicidad superficial y facilitar la limpieza; acero para aumentar resistencia a la abrasión y corrosión; empaques plásticos de alimentos para controlar la difusión de gases y humedad; entre otros (Schottner, 2001).

En la actualidad existe una tendencia mundial en investigaciones biomédicas que insta a estudiar y aprovechar los beneficios provenientes de la interacción de materiales inorgánicos con orgánicos o biológicos para su aplicación biomimética en medicina. Este interés por lograr interfaces biológicas-inorgánicas es en gran parte respaldado por los resultados obtenidos mediante la ayuda del proceso sol-gel en el desarrollo de materiales híbridos. Estos materiales son resultado de la fusión de polímeros inorgánicos con polímeros orgánicos, biomoléculas, células e incluso tejidos.

El avance de la ciencia sobre los materiales híbridos ha aprovechado la inocuidad que tienen los polímeros de Silicio sobre los organismos vivos. Incluso la versatilidad de dichos polímeros permitió la optimización de la interacción inorgánico-bioorgánico, mediante la adición de estructuras biológicas que aumentan la biocompatibilidad o confieren una propiedad necesaria en un caso determinado. Utilizando el conocimiento generado por los nuevos estudios se llegó a la obtención de los llamados biomateriales, cuyo campo de aplicación es tan amplio como el de los materiales inorgánicos. Pueden encontrarse aplicaciones en medicina, oftalmología, bioquímica, industria farmacéutica, industria de alimentos, entre otros. El primer reporte sobre inmovilización de material biológico dentro de una matriz de óxido de silicio se encuentra en el trabajo de Dickey en los años cincuenta y consistió en la encapsulación de una enzima (Dickey, 1955). Cuarenta años más tarde, en 1990, aparece el primer estudio de encapsulamiento de enzimas utilizando como técnica de inmovilización el proceso sol-gel (Braun, *et al.*, 1990). Por mencionar algunos de los avances en el área de biomateriales se pueden destacar la inmovilización de microorganismos, células vegetales, islotes pancreáticos, fibroblastos humanos y anticuerpos como sensores inmunoquímicos (Carturan, *et al.*, 1998; Altstein, *et al.*, 2001; Desimone, *et al.*, 2002; Boninsegna, *et al.*, 2003; Carturan, *et al.*, 2004).

Los desarrollos antes mencionados son producto de una intensa investigación tanto experimental como teórica. El avance en los conocimientos en el área del proceso sol-gel está íntimamente relacionado con la química de coloides, superficies e interfaces. Los derivados de Silicio son versátiles en su manipulación tanto a nivel de partículas (coloidales), geles, como a nivel de superficie, y su química ha sido ampliamente estudiada y aprovechada. Las bondades de estos materiales se expresan tanto en "profundidad" como en superficie, donde poseen características particulares, dignas de estudio y aplicación. Antes de ahondar en cada uno de las etapas del proceso sol-gel y todas sus aristas, es preciso intercalar una introducción a la química del Silicio, fundamental en el razonamiento teórico utilizado para el desarrollo de la presente tesis.

Química del Silicio

El Silicio, un elemento del grupo IVA, compone cerca del 28% de la corteza terrestre, lo que lo hace el segundo elemento más abundante después del Oxígeno. No existe en estado libre y en la naturaleza puede encontrárselo en su forma más común de SiO_2, siendo componente mayoritario de arenas en desiertos y playas. El cuarzo y la cristobalita son las únicas formas naturales de encontrar SiO_2 puro, sin la presencia de otros elementos en la estructura. En estos, el silicio se une tetraédricamente a cuatro oxígenos, con una unión de carácter iónico considerable. En la cristobalita los átomos de Si se ubican igual que los C en el diamante, con los átomos de O a media distancia entre ellos. La interconversión de cuarzo en cristobalita (considerado un polimorfo del anterior) requiere la ruptura y formación de uniones, con energía de activación alta, por lo que requiere calentamiento (Cotton y Wilkinson, 1980).

El silicio puede ser hallado en otras formas, de las cuales los silicatos (sales metálicas del ácido silícico) son las más comunes (Berman, 1980d). De estos pueden encontrarse algunos ortosilicatos, cuyo anión sería el SiO_4^{4-}. A estos se encuentran asociados cationes, coordinados por los átomos de oxígeno. La estructura de cada ortosilicato es dependiente del número de coordinación del catión. Son ejemplos la fenacita (Be_2SiO_4) y la wilemita (Zn_2SiO_4), así como otros silicatos asociados a cationes como Fe^{2+}, Mn^{2+}, Mg^{2+}, Zr^{2+}, etc.

La ubicua distribución del silicio en la naturaleza y en seres vivientes llevó años atrás a formular la ambivalente teoría que dice: *"el Silicio podría ser un abundante contaminante si no es un componente esencial de todo protoplasma"* (King y Belt, 1938).

El hecho de que el óxido Silicio puede obtenerse a partir de múltiples fuentes, y que su extracción carece de costos mayores, propició su uso industrial, principalmente en la obtención de vidrio, aunque también es utilizado en la producción de semicondutores, cerámicos, catalizadores, fibras ópticas, resinas, aislantes, polímeros fotoluminiscentes, medicamentos y cosméticos entre muchas otras cosas. La fusión del silicio para la producción de estos materiales requiere altas temperaturas, alta presión, y el uso de reactivos cáusticos.

Por el contrario, la producción biológica de sílica amorfa (SiO_2) se alcanza en condiciones fisiológicas suaves, propias de los organismos productores. Estos organismos abarcan desde protistas, diatomeas, esponjas hasta moluscos y vegetales superiores. La biosíntesis de SiO_2 se encuentra regulada por diversos mecanismos. Muchos empiezan con la precipitación enzimática de especies solubles de SiO_2. Esta precipitación está a su vez dirigida por proteínas con características particulares, como alto contenido en hidroxiprolina, un componente de colágenos con superficies hidrofílicas de importantes densidades electrónicas negativas (Bond y McAuliffe, 2003; Muller, *et al.*, 2003). Este proceso da lugar a múltiples estructuras eficientemente controladas que alcanzan la geometría de espinas, caparazones, fibras y gránulos (Foo, *et al.*, 2004).

La química sol-gel, aplicada al Silicio, logra tanto materiales similares a los obtenidos por la química clásica, como los obtenidos biológicamente. El medio para obtener estos materiales se basa en la manipulación de las condiciones químicas de reacción y los precursores utilizados, siempre en condiciones suaves que muchas veces emulan el proceso de síntesis biológica.

Introducción al proceso sol-gel

Con el fin de abordar la temática el proceso sol-gel puede resumirse en dos etapas con características físico-químicas muy diferentes. La etapa inicial consiste en la obtención de una suspensión coloidal estable (sol), a partir de un precursor. Estos, son típicamente óxidos de metales o de silicio y/o alcóxidos de metal o de silicio. La etapa posterior deviene de la desestabilización del sol que llevará a la condensación de los monómeros/oligómeros en suspensión, para dar lugar a la formación de un polímero inorgánico. Dadas las propiedades físicas y químicas de los compuestos usados este polímero tiene las características de un gel con resistencia mecánica. La presente tesis ha sido realizada teórica y experimentalmente en base a la química relacionada al óxido de silicio y la aplicación del proceso sol-gel sobre sus derivados. Por esto se hará hincapié en desarrollos relacionados a los materiales y aplicaciones en las que el óxido de silicio está involucrado.

Las características predominantes de un material, así como su proceso de obtención, estarán dadas por el elemento nuclear del precursor, y por ende núcleo del entramado polimérico del material. Los elementos más estudiados como núcleos de precursores son metales de transición, como Ti, V, Zr, los elementos del grupo IIIA, como Al y B, y por último el no metal silicio. El proceso sol-gel se ha estudiado a partir de distintos tipos de precursores. Estos pueden agruparse en dos grupos mayores, el grupo de las sales/óxidos y el grupo de los alcóxidos (Wen y Wilkes, 1996). La fórmula general de los precursores del grupo de sales/óxidos es: M_mX_n, donde M es el metal, metaloide o no metal, X el grupo aniónico y *m* y *n* son coeficientes estequiométricos (Pierre, 1998). La relación entre M y X esta dado por los estados de coordinación posibles de M. La característica no metálica del silicio hace que sus precursores de este grupo difieran de los precursores de M metálico, siendo más comunes los del tipo silicato. La mayor electronegatividad del Si da a la unión entre el Si y el X un carácter más covalente que la de un M metálico y el X dado. Así, típicos ejemplos de precursores de este grupo son el $AlCl_3$ y el Na_4SiO_4.

La fórmula general de los precursores del tipo alcóxido es: $M(OR)_n$, donde M es el metal, metaloide o no metal, el cual está unido a *n* restos alcoxi, por ejemplo etoxi, propoxi, etc. Ejemplos de este tipo de precursores son $Al(OC_2H_5)_3$, $Ti(OC_4H_9)_4$, $Si(OCH_3)_4$.

Precursores derivados del silicio

El silicato sódico sólido es un vidrio amorfo obtenido mediante un proceso de fusión directa a partir de arena de sílice y carbonato sódico, aunque también es posible obtenerlo a partir de arena de sílice, carbón y sulfato sódico. En el primer proceso de obtención, la proporción relativa entre arena y carbonato proporciona un amplio rango de relaciones SiO_2:Na_2O.

La síntesis de los alcoxi silanos, es conocida desde 1845 cuando Ebelmen obtuvo al primer alcoxi silano, el tetraetoxi silano (TEOS, $Si(OCH_2CH_3)_4$), a partir de $SiCl_4$ y etanol. Estos precursores pueden tener distintos restos alquilo, como metilo, butilo, etc. Dentro de este grupo de precursores se encuentran los silicatos orgánicamente modificados (OrMoSil: Organically Modified Silicate). Los OrMoSil son alcóxidos de silicio en los que de uno a tres de los restos alcoxi son remplazados por un resto alquilo con un grupo funcional. Este resto es introducido mediante la unión Si-C. Dicha unión covalente es muy estable dadas las similares electronegatividades de los dos elementos sumado a similares configuraciones de orbitales electrónicos de ambos elementos del grupo IVA. Existen básicamente dos tipos de OrMoSil, según el sustituyente. El primer tipo son los alquilsustituidos, cuya fórmula general sería: $(R')_xSi(OR)_{4-x}$, donde R′ es un grupo alquilo unido por unión Si-C, y x el número de sustituyentes R′ en la molécula. El segundo tipo es el de los organofuncionales, cuya fórmula general sería: $(YR')_xSi(OR)_{4-x}$, donde Y es un grupo órgano funcional, y R′ representa la cadena carbonada por la cual está unido al Si por unión directa al C. Por otro lado, existen comercialmente precursores modificados con dos tipos de sustituyentes diferentes. Son ejemplos de los OrMoSils: aminopropil trietoxi silano ($(EtO)_3SiC_3H_6NH_2$), fenil trietoxi silano ($PhSi(EtO)_3$) y octadecil tricloro silano ($C_{18}H_{37}SiCl_3$), entre otros (Wang y Bierwagen, 2008). De esta manera es posible introducir una gran variedad de grupos funcionales dentro de las estructuras de los entramados poliméricos y brindarles las características químicas específicas del resto introducido. Por otra parte la introducción de un grupo funcional permite, en el caso en que sea posible y necesario, su derivatización para la inmovilización covalente de una molécula, proteína o incluso una célula.

En la elección del precursor son sopesados muchos factores, entre ellos se puede mencionar la búsqueda de características particulares de los materiales a sintetizar, la estabilidad de los propios precursores, limitaciones en los solventes a utilizar. Frente a este último menester es importante tener en cuenta que gran parte de los materiales obtenidos por el proceso sol-gel son cerámicos, es decir óxidos, donde el agua juega un rol fundamental en la transformación del precursor. En algunos casos la aplicación del material involucrará la interacción del mismo con especies biológicas, sea biomoléculas, como proteínas, u organismos vivos. Estos podrían estar en contacto con el material o inmovilizarse dentro de este dependiendo de la función buscada. En estos casos específicos los productos de la hidrólisis de los precursores deben ser biocompatibles con el sistema biológico (Livage, *et al.*, 2001; Nassif, *et al.*, 2002; Desimone, *et al.*, 2003).

Las características particulares de un material obtenido por el proceso sol-gel están relacionadas con los factores que regulan la hidrólisis, condensación y polimerización. Entre ellos se puede mencionar algunos como el pH, la temperatura, naturaleza de los catalizadores, concentración de reactivos y la relación molar H_2O/Si (Iler, 1979; Desimone, 2005). No siendo estos todos los factores que pueden influenciar el material obtenido, puede incluso destacarse que existen factores posteriores a la síntesis que también participan en la fijación de la estructura y reactividad final del mismo, por ejemplo la temperatura, humedad y el tiempo de envejecimiento a los que se expone al material (Desimone, *et al.*, 2005).

El proceso sol-gel en detalle: Del sol al gel

En cada paso del proceso sol-gel se observan diferentes propiedades físico-químicas tanto a nivel de las sustancias involucradas, como a nivel del todo de la solución. Las sustancias sufren en su pasaje por el proceso un cambio en sus características que cronológicamente le asignan un nombre. Por esto, a continuación, se detalla cada etapa del proceso en cuanto a sus propiedades intrínsecas a la vez que se explica las razones de su transición a la próxima.

El sol

El sol y sus propiedades coloidales

Es útil para la introducción en las propiedades físicas y químicas de un sol, primero comentar las propiedades del sistema que engloba a un sol: el sistema coloidal. Un coloide es una suspensión de al menos dos fases. La fase dispersa (o discontinua) posee dimensiones que varían típicamente en el rango de 1 a 1000 nm, y está completamente rodeada por la fase dispersante (medio de dispersión o fase continua). En la fase dispersa las fuerzas gravitacionales son despreciables y se hacen predominantes los efectos de interacciones de corto alcance como las fuerzas de van der Waals y las interacciones de cargas superficiales. La inercia de la fase dispersa es tan pequeña que muestra un movimiento Browniano, así como el que exhibe una molécula en solución, un movimiento azaroso y frenético impartido por las colisiones entre moléculas. (Brinker y Scherer, 1990). Un sol es una suspensión coloidal de partículas sólidas en un líquido, de la misma manera que un aerosol es una suspensión de partículas líquidas o sólidas en un gas. En cuanto a los soles de dióxido de silicio se refiere, el sol puede ser considerado desde el monómero estabilizado en solución hasta partículas dentro de las dimensiones indicadas anteriormente.

En este rango están incluidos los oligómeros, o sea, desde dímeros hasta cadenas o pequeñas partículas formadas por pocos monómeros (por lo general hasta 8). Es necesario agrupar estas especies dentro de la clasificación de sol ya que, aun en condiciones de estabilidad y de mínima condensación, las partículas de SiO_2 se encuentran en perpetuo crecimiento hasta que este se vea impedido.

Existen varias explicaciones sobre la estabilidad de los coloides. La teoría de la doble capa eléctrica sugiere que las partículas coloidales tienen un exceso de carga superficial adquirida mediante procesos de ionización de grupos funcionales superficiales ($-COO^-$, $-SiO^-$, $-NH_3^+$, etc) o de adsorción de iones provenientes del medio de dispersión. Esta asimetría en la distribución de cargas produce la atracción de iones de carga contraria (contraiones) y la repulsión de los de carga similar (coiones). Esta distribución sumada a la agitación térmica de la solución produce una doble capa eléctrica alrededor de la partícula coloidal, la cual estaría constituida por la capa rígida (o de Stern) en la región más próxima a la superficie de la partícula, y la capa difusa (o de Gouy) más alejada de esta. El potencial eléctrico en la superficie de separación de ambas capas, ψ_0, viene determinado por las características de los iones de la capa rígida. Puede demostrarse que el potencial eléctrico, $\psi(x)$, decae a lo largo de la distancia, x, en la capa difusa. Esto, junto a la agitación térmica de la suspensión, llevaría a que los iones de la capa difusa posean una movilidad mayor que en la rígida. De esta manera son susceptibles al intercambio y por ende determinantes en la estabilidad de la suspensión coloidal. La ecuación que determina el potencial eléctrico a una distancia es la siguiente:

$$\psi_{(x)} = \psi_o . e^{-\kappa . x} \qquad (1)$$

donde κ^{-1}, la distancia de apantallamiento de Debye-Hückel, es una medida del espesor de la capa difusa que depende de la composición de electrolito en la solución (Bard y Faulkner, 1980).

Referente a la estabilidad coloidal, existe otra teoría reconocida como DLVO, por sus postulantes, Derjaguin y Landau (1941) y Verwey y Overbeek

(1948) (Myers, 1999). Esta teoría explica la estabilidad de la suspensión según la interacción potencial entre las partículas coloidales, la que se conformaría de un término de atracción y otro de repulsión según:

$$\Delta G_{Tot} = \Delta G_{Atr} + \Delta G_{Rep} \tag{2}$$

donde la energía potencial de atracción (predominantemente del tipo van der Waals) puede considerarse inversamente proporcional al cuadrado de la separación entre las partículas, *H*, y está dada por:

$$\Delta G_{Atr} = -\frac{A_H}{12\pi.H^2} \tag{3}$$

donde A_H es una propiedad del material designada como la constante de Hamaker. La energía de repulsión es considerada puramente de tipo electrostático:

$$\Delta G_{Rep} = \frac{64.c_0 kT}{\kappa} e^{-\kappa.H} \tag{4}$$

donde c_o es la concentración de electrolito, *kT* es una unidad estandarizada de energía térmica, siendo *k* la constante de Boltzmann y *T* la temperatura absoluta (K), y κ^{-1}, la distancia de apantallamiento de Debye-Hückel, depende de la composición de iones en el sistema. La ecuación extendida de la interacción potencial entre las partículas coloidales sería:

$$\Delta G_{Tot} = \frac{64.c_0 kT}{\kappa} e^{-\kappa.H} - \frac{A_H}{12\pi.H^2} \tag{5}$$

De esta se desprende que, a juzgar por la influencia de los términos c_o, κ y *H*, la separación entre partículas, el tipo, carga y concentración de electrolitos en solución son variables fundamentales en la estabilidad del coloide, cuya variación puede hacer que las partículas se mantengan en solución o se acerquen para interaccionar.

Obtención y estabilidad de un sol

Conociendo de antemano la estabilidad de los silicatos, para obtener un sol proveniente de cualquier especie silícica el primer paso a tomar sería el de solubilizar el precursor, si no fuese líquido de por sí, y llevarlo a las condiciones desfavorables para la condensación de los monómeros. Dicho de otra manera, mantener el sol en condiciones de estabilidad coloidal. Las condiciones de estabilidad de los monómeros muchas veces son las mismas que las de solubilización, siendo este el caso de silicatos, dióxido de silicio o precursores sólidos como el tetra acetil silano. Existen casos en los que la obtención del sol estable se obtiene por hidrólisis del precursor monomérico. En cualquiera de los casos los determinantes principales de la estabilidad del sol son el pH y la concentración de sales. A continuación se ejemplificará la obtención de un sol a partir de un silicato y de un alcóxido, teniendo en cuenta el factor pH.

El silicato de sodio pertenece al grupo de precursores del tipo sales. Es soluble en agua y tanto la formación del sol como las posteriores condensación, polimerización y gelificación son posibles de realizar completamente en medio acuoso. La formación del sol en este caso se obtendría de la ionización de la sal en medio acuoso:

$$2Na_2O.SiO_2 + 3H_2O \rightarrow SiO(OH)_3^- + SiO_2(OH)_2^{2-} + 4Na^+ + OH^- \qquad (6)$$

donde $SiO(OH)_3^-$ sería la especie monomérica predominante a partir de un pH cercano y mayor a 7. Siendo esta especie un ácido débil, la presencia de la especie monomérica $SiO_2(OH)_2^{2-}$ se hace apreciable a partir de un pH>12. La disolución de silicatos genera de por si el medio alcalino necesario para la estabilización del sol. A pH>7 se ha postulado la existencia de especies oligoméricas cíclicas de los tipos: $Si_4O_8(OH)_6^{2-}$ (7<pH<11) y $Si_4O_8(OH)_4^{4-}$ (9<pH<14). Estas especies serían las primeras evidencias de condensación entre monómeros. La tendencia de los monómeros a formar oligómeros y a mantenerse como partículas estables (sol) con un crecimiento lento a pH altos puede justificarse por un potencial de repulsión elevado, generado por la alta densidad de carga negativa sobre las superficies de las partículas, mucho mayor que el potencial de atracción. De esta manera mientras el pH se mantenga elevado y no se introduzcan variaciones en la composición iónica de la solución el crecimiento de la partícula será lo suficientemente lento como para manipular la misma según se necesite, como se explicará posteriormente.

La estabilización del sol a pH alto es utilizada típicamente para los precursores del tipo sales y para el óxido de silicio, que se disuelve en hidróxido concentrado (1-2M). Esto no quiere decir que los soles provenientes de alcóxidos no puedan ser estabilizados a pHs altos. La estabilización alcalina puede realizarse para alcóxidos tanto como la estabilización ácida para los silicatos aunque esta sea la preferida para los alcóxidos. Para estabilizar un silicato en medio ácido y un alcóxido en medio alcalino solo hay que hallar las condiciones adecuadas y asegurarse que en ningún momento el pH se encuentre entre 5-6 (o que al menos lo sea por poco tiempo), lo que impulsaría la gelificación instantánea de la solución. Incluso trabajando a pHs menos críticos, si la agitación de la suspensión no es lo suficientemente intensa ocurrirá una gelificación local circunscripta a la zona donde se produce un gradiente de pH tal que dispare la polimerización. La disolución en medio ácido de silicato de sodio mediada por un ácido mineral generaría como producto el ácido silícico y seguiría la siguiente ecuación:

$$Na_2O.SiO_2 + H_2O + 2HCl \rightarrow Si(OH)_4 + 2NaCl \qquad (7)$$

La estabilidad del sol en medio ácido puede justificarse, así como en medio alcalino, por repulsión electrostática. El aumento de la carga positiva en la superficie de las partículas ya formadas impediría el acercamiento de las mismas.

Hay dos propiedades de las partículas de SiO_2 a tener en cuenta para la interpretación de su comportamiento en medio ácido. Por un lado, a un pH entre 2 y 3, se encuentra el punto isoeléctrico. Este es el pH en el cual el potencial Z es cero, o sea que la distribución de iones a una distancia dada en la capa de Gouy no presenta una densidad de carga con una tendencia positiva o negativa. En el punto isoeléctrico la distribución de cargas en la doble capa eléctrica no impediría que las partículas del sol se acerquen. Por otro parte, el punto de carga cero del SiO_2 (pH en el que la superficie de la partícula carece de carga neta) se encuentra cerca de pH = 2,5. En el punto de carga cero las superficies pueden acercarse lo suficiente para colisionar y formar puentes interpartícula Si-O-Si. En un rango de pH ácidos, que comprenden el punto isoeléctrico y el punto de carga cero, si bien las condiciones satisfacen los requerimientos para la condensación, esta no ocurre. La literatura científica explica este fenómeno de la siguiente manera. Por lo antes mencionado las partículas pueden acercarse a un pH igual al punto isoeléctrico, pero esto estaría impedido por una capa de agua adsorbida fuertemente a la superficie de la partícula. A su vez, a un pH menor, cercano al punto de carga cero, la superficie de la partícula comienza a deshidratarse, y el número de uniones Si-O-Si se incrementa, mientras que el número de silanoles (Si-OH) en la superficie de la partícula disminuye. Debido a esto la condensación se ve desfavorecida ya que los oxidrilos de los silanoles son fundamentales para la misma.

La estabilidad en medio ácido y ciertas ventajas comparativas hacen que la forma más utilizada para la obtención de un sol a partir de un alcóxido sea la hidrólisis seguida de la estabilización de los monómeros en medio ácido. Para ello el método más sencillo es realizar una hidrólisis ácida con la ayuda de un ácido mineral, como se postula:

$$Si(OR)_4 + 4H_2O + HCl \rightarrow Si(OH)_4 + 4ROH + HCl \qquad (8)$$

siendo R un resto alquilo, C_xH_{2x+1}, donde los típicos son metilo, etilo y propilo. Esta hidrólisis ocurre por el ataque nucleofílico del oxígeno contenido en la molécula de agua sobre el átomo de silicio. Este mecanismo fue comprobado utilizando agua marcada isotópicamente con ^{18}O. El producto de reacción es un alcohol sin marca isotópica, la que quedaría sobre el monómero (Brinker y Scherer, 1990). Un mecanismo similar fue evidenciado en condiciones de hidrólisis alcalina. Se postula que la hidrólisis se produce por un desplazamiento nucleofílico bimolecular (SN_2), poniendo en juego un intermediario pentacoordinado como se muestra a continuación:

$$HOH \;\; (RO)_3Si{-}\overset{+}{O}R(H) \rightleftharpoons H\overset{\delta^+}{O}(H){-}Si(RO)(OR)(OR){-}\overset{\delta^+}{O}R(H) \rightleftharpoons HO{-}Si(OR)_3 \;\; ROH \;\; H^+ \qquad (9)$$

También se ha postulado un intermediario llamado, por su análogo en la química de carbono, ion siliconio, $Si(OR)_3^+$. Si bien el mecanismo aceptado es el que ocurre por la vía SN_2, la posibilidad de la formación de intermediarios de tipo siliconio no debe descartarse dadas las comprobadas similitudes de la química del silicio con la química del carbono.

Si bien en la reacción de hidrólisis el agua está presente en cantidades catalíticas, la mayoría de los alcóxidos no son solubles en medio acuoso, y en la mezcla de reacción se generan dos fases. La reacción de hidrólisis solo ocurre en la interfase alcóxido-agua, con lo que, de no emplear algún método que ayude a la interacción de las fases, la obtención del sol se daría tan lentamente que sería muy difícil de separar de la reacción de condensación de los monómeros. En la mayoría de las aplicaciones de estos precursores se prefiere la hidrólisis controlada previa a la condensación y polimerización. Por esto, técnicas como agitación o sonicado se utilizan habitualmente con el fin de generar una emulsión que logre aumentar la interacción de las fases.

La hidrólisis catalizada en medio alcalino, sigue un mecanismo similar a la catalizada en medio ácido, con la diferencia de que la eficiencia de hidrólisis del catalizador siempre es mayor en medio ácido. Esto significa que usando cantidades equimolares de un catalizador ácido y uno básico, la eficiencia y velocidad de hidrólisis sería siempre mayor en medio ácido. La reacción postulada de hidrólisis en medio alcalino es la siguiente:

$$Si(OR)_4 + 6NaOH \rightarrow SiO_2(OH)_2^{2-} + 2Na^+ + 4RONa + 2H_2O \qquad (10)$$

Los silicatos orgánicamente modificados (OrMoSil), incluidos dentro del grupo de los alcóxidos, son hidrolizados de la misma manera que los no modificados. Sin embargo, las condiciones de reacción son más estrictas en cuanto a su solubilidad, su estabilidad térmica o su reactividad frente al medio acuoso y catalizadores, entre otros factores que dependen del precursor utilizado.

Gelificación

Condensación. Desestabilización de un sol:

Como ya se mencionó, el SiO_2 no se comporta rígidamente según la teoría DLVO. Esto se debe a que las partículas son estabilizadas por una capa de agua adsorbida a sus superficies que previene la agregación, incluso en el punto isoeléctrico. Esta forma de estabilización está dada por una inusualmente pequeña constante de Hamaker, lo que hace que el potencial de atracción sea en la mayoría de los casos menor al de repulsión, incluso cuando este no sea relevante.

Para desestabilizar un sol acuoso de sílica es necesario reducir el grado de hidratación. Los sitios de adsorción para el agua son los propios silanoles (Si-OH). Así, una manera de reducir la capa de hidratación es el intercambio de protones por otros iones. Esto altera la doble capa eléctrica y la hidratación de las partículas disminuyendo, como consecuencia, la estabilidad del coloide.

De acuerdo con la teoría DLVO, la agregación es el resultado de la reducción de la repulsión de la doble capa eléctrica de las partículas. Esta disminución puede lograrse de manera deliberada cambiando el pH de la suspensión o cambiando la concentración y/o tipo de electrolitos (contraiones). Siendo esta última posibilidad dependiente de la valencia del ion.

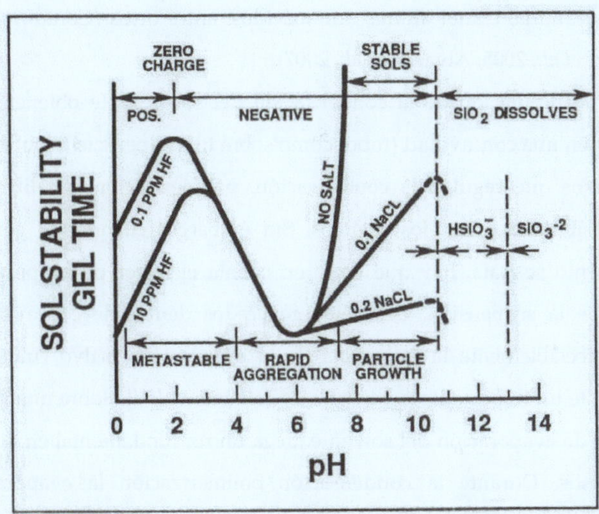

Figura 1: Efecto del pH en el sistema coloidal de SiO_2 en medio acuoso. Adaptado de Brinker y Scherer, 1990.

Se deduce de lo anterior, como se muestra en la figura 1, que siendo el sol estable a pH<3 y pH>8, las posibilidades de desestabilización que dan pie a la condensación son factibles llevando el pH de la suspensión hacía un rango que va desde pH 4 hasta 7. De esta manera se reduce la doble capa eléctrica permitiendo la colisión entre las partículas y la subsecuente formación del puente interparticular Si-O-Si para que estas queden irreversiblemente unidas. Cuando el pH es llevado de 3 a 5 se observa un aumento en la velocidad de gelificación. Cuando el pH es incrementado por sobre 6 esta velocidad comienza a disminuir por el comienzo de la negativización de la superficie. Todo esto da como resultado una máxima velocidad de gelificación alrededor de pH 6. La mínima velocidad de gelificación se encuentra alrededor de pH 2. Siendo este último pH cercano al punto isoeléctrico, se considera que a pHs menores el catalizador es el H^+ y a pHs mayores lo es el OH^-.

En la actualidad existen estudios sobre la gelificación catalizada por electrolitos orgánicos, que servirían al mismo tiempo de directores o de molde para la polimerización de la sílica. Entre ellos se puede mencionar el ácido cítrico, cisteamina, etanol amina, aminoácidos, entre otros (Coradin y Livage, 2001; Roth, *et al.*, 2005; Alvarez, *et al.*, 2007).

La manipulación de la condensación del sol permite obtener geles de SiO_2 tanto en una concavidad (tubo) como sobre una superficie (recubrimiento). Los procesos que regulan la condensación, polimerización y gelificación en ambas posibilidades son los mismos. Sin embargo, cuando de generar un recubrimiento se trata, hay que tener en cuenta el factor de evaporación del solvente de la suspensión. Los geles generados dentro de concavidades no sufren apreciablemente la influencia de la evaporación, salvo cuando en el medio existe un importante porcentaje de solvente volátil. Sobre una superficie el proceso de evaporación del solvente juega un rol fundamental en la mayoría de los casos. Durante la condensación/polimerización la evaporación de solvente induce la proximidad de las partículas y estimula su interacción. Incluso si se recubre una superficie con un sol estable cuya composición incluya un porcentaje importante de solvente volátil o se aumente la temperatura para favorecer su evaporación, la contracción del volumen total será tal que los precursores aumentarán su concentración y se acercarán para favorecer la condensación. Aquí, el cambio de concentración electrolítica que afecta la doble capa eléctrica no se da por agregado de iones, sino por substracción de solvente.

Polimerización

Por definición, la condensación de dos monómeros libera una pequeña molécula, como agua o etanol. En el caso de la sílica sería,

$$\equiv Si-OH+HO-Si\equiv \rightarrow \equiv Si-O-Si\equiv +H_2O \qquad (11)$$

Si esta reacción continua sobre el oligómero condensado, se forma una partícula o molécula de dimensiones exponencialmente mayores al monómero. Este proceso es conocido como polimerización. Un polímero es una molécula de alto peso molecular, muchas veces llamada macromolécula formada por cientos y miles de unidades de un monómero capaz de formar al menos dos uniones. El número de uniones que puede formar un monómero es su funcionalidad, *f*. Por ejemplo, el ácido silícico ($Si(OH)_4$) tendría la posibilidad de formar cuatro uniones, sería tetrafuncional (*f*=4) y un OrMoSil típico como el γ-aminopropil trietoxi silano podría formar tres uniones, trifuncional (*f*=3). Los polímeros formados a partir de monómeros con *f*>2 pueden unirse por múltiples entrecruzamientos, dando lugar a polímeros ramificados con estructuras tridimensionales. Para no confundir a estos polímeros con toda estructura tridimensional, se especifica que la polimerización que lleva a la ramificación del entramado prosigue por un mecanismo aleatorio. En la figura 2 se muestra una imagen simulada del producto de polimerización aleatoria de un monómero con *f*>2.

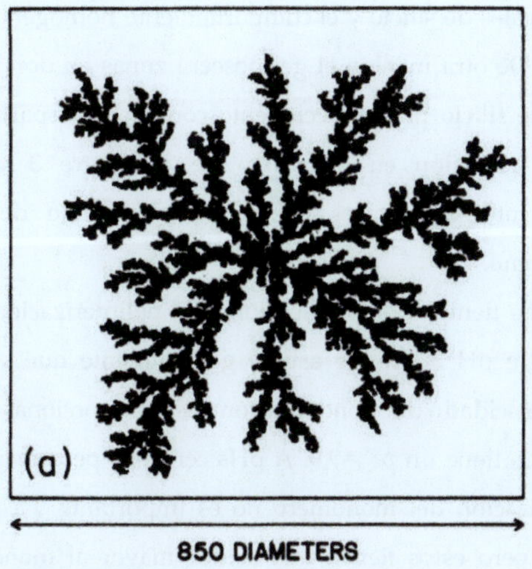

Figura 2: Simulación computada en 2-D de la agregación de un monómero de *f*>2. Adaptado de Meakin, et al., 1986.

Polímeros de óxido de silicio pueden obtenerse en un rango muy amplio de pH. Iler divide el proceso de polimerización en tres rangos: El ácido, pH<2, el intermedio, pH 2-7 y el alcalino, pH>7 (Iler, 1979). Los procesos de polimerización más utilizados en los campos que competen a la presente tesis son los del rango intermedio. En este rango la mayoría de las especies a inmovilizar son estables y las especies biológicas no son afectadas significativamente. Por esto se ahondará en el proceso de polimerización en el rango de pH 2-7.

Refiriéndose al SiO_2, siendo el proceso de crecimiento de partícula prácticamente inevitable, este y la agregación de partículas (condensación/polimerización) son dos procesos que ocurren paralelamente. Por esto, la inducción de la polimerización en un rango de pH entre 2 y 7, rango en el cual la velocidad de crecimiento de partícula se ve disminuida a un mínimo, es una interesante estrategia para obtener un polímero lo más ramificado posible. Esto es importante para que en la totalidad de la solución, posteriormente incluida en el gel, no existan heterogeneidades en las concentraciones locales de silicio y el comportamiento homogéneo del material se vea asegurado. De otra manera el gel poseerá zonas en donde existirá una mayor densidad de silicio por el crecimiento compacto de partículas. Esto se cumple con más precisión en un rango de pH entre 3 y 6 donde el entrecruzamiento interpartícula es máximo y el tamaño de cada núcleo particulado es mínimo.

Dado que los tiempos de gelificación, por polimerización completa, se ven reducidos entre pH 3 y 6, se asume generalmente que sobre el punto isoeléctrico la velocidad de condensación es proporcional a $[OH^-]$. El monómero, $Si(OH_4)$, tiene un pK_a=9,9. A pHs cercanos pero mayores al punto isoeléctrico la ionización del monómero no es importante. La generación de dímeros es lenta, pero estos tienen una acidez mayor al monómero, lo que aumenta la proporción de grupos silanóxido ($Si\text{-}O^-$), un nucleófilo más reactivo que el silanol en sí mismo. El próximo paso es el ataque nucleofílico del silanóxido del dímero sobre un monómero para formar un trímero, que a su vez tiene un pK_a menor que el dímero, que a su vez reacciona más rápidamente con otro monómero. Especies más evolucionadas, en el sentido polimérico, tienen pK_a mucho menores, acercándose a 6,7 y por esto están más ionizados que los monómeros o los dímeros. Los monómeros son rápidamente removidos del medio y el crecimiento de oligómeros aislados detenido. Por otro lado, la ciclación de los oligómeros es factible, pero solo son estables los ciclos de cadenas largas, ya que los de cadenas cortas, como los trímeros, se ciclan con ángulos muy cerrados y son inestables a esos pHs.

Se deduce de lo anterior que el crecimiento de una red polimérica es mucho más veloz en estas condiciones que la formación aislada de dímeros u oligómeros cortos. La formación aislada de oligómeros llevaría al crecimiento de partículas separadas, para unirse posteriormente por puentes interpartículas, en lugar de cadenas ramificadas que surcan todo el volumen de la solución.

Gelificación

Los coloides pueden sufrir diferentes procesos y es importante tener en cuenta las distancias que separan cada uno de ellos. Por sobre todo hay que diferenciar los procesos de coagulación y floculación del de gelificación, proceso que nos interesa desarrollar en la presente tesis. El proceso de coagulación es el que implica la agregación de partículas de manera empaquetada, así la densidad de SiO_2 en la zona del agregado aumenta de manera que hace precipitar a las partículas. El proceso de floculación es el que involucra la agregación densa de partículas que puede implicar la unión interparticular por medio de puentes manteniendo el agregado voluminoso. La gelificación se da cuando las partículas se unen principalmente por puentes, formando cadenas ramificadas que abarcan todo el volumen del líquido, sin que se aumente la concentración de SiO_2 en ninguna región macroscópica. Todo el medio se vuelve viscoso y luego se solidifica en una red polimérica, que gracias a fuerzas capilares retiene el líquido.

El paso principal en la gelificación es la colisión de dos partículas con una carga lo suficientemente baja como para permitirles entrar en contacto para formar una unión irreversible. Hay que recordar que en las condiciones que permiten la condensación/polimerización a un pH entre 2 y 7, se refiere a partículas cuando se habla de cadenas crecidas a partir de un monómero, pasando por un dímero para llegar a un oligómero con cierto grado de ramificación. En este caso no debe entenderse por partícula a un conglomerado de oligómeros densamente empaquetados. Se ha mencionado que la velocidad de formación del gel en el rango de pH de 3 a 6 se incrementa proporcionalmente con [OH^-]. Esta velocidad se relaciona directamente con la capacidad de ionizar los grupos silanoles en la superficie de la partícula, los cuales son los principales efectores de la unión interparticular. Se obtiene en estas condiciones un gel, producto del crecimiento lineal de las cadenas poliméricas con alto grado de ramificación. En todo el volumen del gel el entramado polimérico es continuo y no existen zonas con mayor densidad de silicio. Este tipo de gel es conocido como de tipo polimérico.

Por arriba de pH 6, la formación de grupos silanóxidos ya no es limitante, sin embargo el aumento de la carga negativa en las superficies comienza a generar repulsión, lo que disminuye la velocidad de gelificación. Este enlentecimiento se traduce en un cambio en las características del gel a obtener cuando el pH es llevado por encima de 7. En estas condiciones el crecimiento de las partículas se vuelve más veloz y la unión interparticular se produce preferentemente entre partículas de gran tamaño. Así, se obtiene en estas condiciones un gel producto de la unión de grandes partículas; las cuales son relativamente compactas por condensación intrapartícula. En todo el volumen del gel el entramado polimérico es continuo pero existen zonas con mayor densidad de silicio. Este tipo de gel es conocido como de tipo particulado.

Cuando condiciones de polimerización alcalinas son necesarias, y este tipo de gel no es deseado, el agregado de sales sería una alternativa para la obtención de un gel polimérico a pH>7. Un cambio en la composición iónica de la suspensión, generalmente aumentando concentración, puede disminuir la repulsión electrostática producida por la elevada presencia de grupos silanóxidos. Una vez formado el sol, sin dar tiempo al crecimiento de partículas, el agregado de iones permitiría el acercamiento de oligómeros y pequeñas partículas para la formación de puentes interparticulares y elongación de cadenas poliméricas. Los diferentes tipos de geles y sus posibilidades de obtención se encuentran esquematizados en la figura 3.

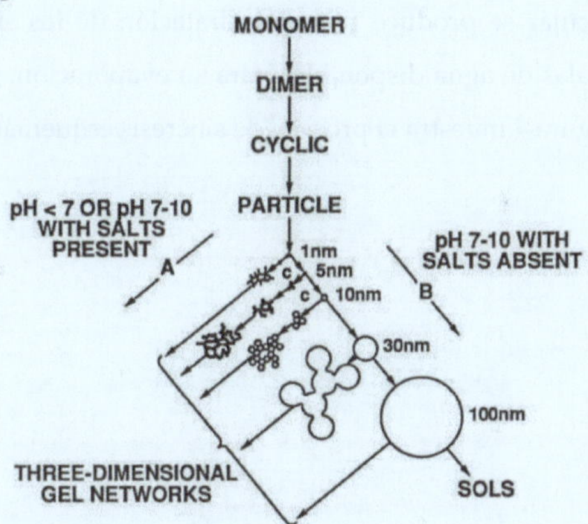

Figura 3: Diferentes tipos de geles obtenidos mediante química sol-gel. Adaptado de Iler, 1979.

Envejecimiento

La gelificación es un fenómeno que permite determinar de manera visual el final de la polimerización. El punto de gelificación representa el momento en que se forman las últimas uniones del polímero ramificado. El aumento de la viscosidad y posterior solidificación del material aparentan la obtención de un material final, de estructura estática. Pero, así como el crecimiento de una partícula nunca cesa, los fenómenos de condensación/polimerización tampoco.

Luego de la gelificación, sin excluir un comienzo durante, se evidencia la contracción del gel. El proceso que regula esta contracción es llamado sinéresis. La Real Academia Española define sinéresis como: Reducción a una sola sílaba, en una misma palabra, de vocales que normalmente se pronuncian en sílabas distintas; p. ej., *aho-ra* por *a-ho-ra (Real-Academia-Española, 1992)*. La sinéresis referida al envejecimiento de un gel tiene un significado análogo, es la contracción del entramado polimérico que deviene en la expulsión de líquido contenido en los poros del mismo. Así, un proceso de polimerización dinámico que continúa luego de la gelificación produce la condensación de dos grupos silanoles de dos partículas que se encuentran a una distancia mayor que la distancia de unión Si-O-Si. Solo el acercamiento mediante la expulsión de solvente desde el interior de los poros puede permitir esta unión. A su vez, el puente interparticular se produce por deshidratación de los silanoles, lo que libera más moléculas de agua disponibles para su evaporación, favoreciendo la contracción. La figura 4 muestra el proceso de sinéresis esquemáticamente.

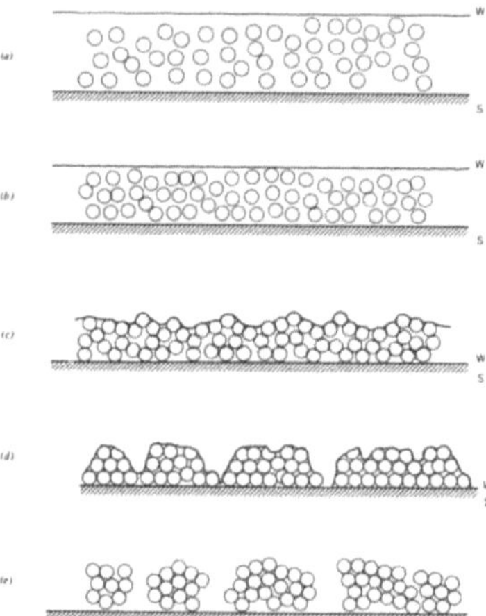

Figura 4: El proceso de sinéresis sufrido por un gel húmedo sobre una superficie. Adaptado de Iler, 1979.

El secado de un gel consta de la evaporación del solvente libre, junto con el proceso de sinéresis que libera agua para su posterior evaporación. Esto es conocido por envejecimiento del material. La sinéresis del material es un proceso muy importante cuando se obtiene un gel en forma de recubrimiento. En estos la superficie expuesta es mayor dando lugar a una profusa evaporación de solvente, lo que lleva a la compactación del gel en lo que es conocido como xerogel.

El xerogel es un gel secado por evaporación, es un gel seco.

Existe otro tipo de geles secos, los aerogeles, los cuales son secados en condiciones supercríticas. Los geles a los que no se les permite el secado o de alguna manera se les previene el avance de la sinéresis son considerados geles húmedos. El estado final de un material está dado por las condiciones del proceso de envejecimiento. Los aditivos que pueda agregarse en la mezcla de polimerización pueden interferir con el envejecimiento. Así, el agregado de polioles mantiene la humedad interna del gel y evita la sequedad (Desimone, *et al.*, 2008).

Cuando se busca inmovilización de moléculas y especies biológicas dentro de un gel, debe tenerse en cuenta que tanto la especie inmovilizada como el gel van a sufrir interacción de uno sobre otro en todo momento del proceso. Desde una catálisis en la condensación o prevención de la sinéresis por parte de una molécula encapsulada; hasta un estrés por encapsulamiento o contracción hacia una célula por parte del gel.

Gelificación y envejecimiento sobre una superficie

Los pasos por los que un sol es convertido en un gel seco serían: 1. solidificación del sol en una estructura tridimensional donde el solvente es retenido por fuerzas capilares; 2. aumento de las interacciones entre partícula por condensación (sinéresis); 3. contracción de la red por evaporación de solvente; 4. advenimiento de tensiones entre partículas por la contracción individual de cada una; 5. fractura del gel seco.

Al depositar un volumen importante de un sol sobre una superficie este gelifica y se observa un recubrimiento sólido continuo. Luego de la contracción pueden verse fácilmente desprendimientos de fragmentos del xerogel. La contracción sobre sí misma de una zona del gel provocaría un envejecimiento aislado y el posterior desprendimiento.

Si la superficie sobre la que se deposita el sol es hidrofílica, y/o está activada químicamente, y el gel generado es suficientemente fino (alrededor de 1µm), el secado luego de la gelificación es tan rápido que puede evitar la contracción y la fractura del recubrimiento. Este es un recubrimiento compacto, homogéneo y adherente.

Obtención de un recubrimiento

Uno de los aspectos tecnológicos más importantes de la química sol-gel, radica en la baja viscosidad del sol previo a la gelificación. Esta condición es ideal para preparar recubrimientos por una gran variedad de métodos. Esto se hace más evidente si se resalta las desventajas económicas relacionadas a equipamiento que requieren las técnicas convencionales de deposición química de vapores, deposición física de vapores y sputtering. Una ventaja importante de los materiales utilizados es su habilidad de controlar precisamente la estructura del recubrimiento (Wang y Bierwagen, 2008).

Las metodologías más estudiadas para el recubrimiento de superficies mediante al proceso sol-gel son:

Inmersión vertical (dip coating): Este consta de la inmersión de un soporte a recubrir de manera perpendicular a la superficie de un líquido. Está dividido en cinco etapas: 1) inmersión, el soporte se sumerge en el sol de recubrimiento; 2) ascensión, se comienza a retirar el soporte; 3) deposición y drenado, el drenado de líquido por las paredes deja una fina película del sol que se deposita sobre estas; 4) drenado; en esta etapa se completa el drenado dejando la superficie con una carga de líquido casi homogénea; 5) evaporación, el proceso de evaporación desencadena la condensación y lleva al secado del polímero para dar lugar al xerogel. La evaporación también se encuentra presente en las otras etapas. Todas las etapas requieren de la optimización de las condiciones experimentales de tiempo, temperatura, etc.

Recubrimiento por giro sobre el eje (spin coating): En este un volumen del sol depositado sobre el centro de la superficie se esparce hacia los extremos de la misma mediante un giro a gran velocidad realizado sobre el eje del soporte. Este consta de cuatro etapas: 1) deposición, un exceso de líquido se aplica en la superficie a recubrir; 2) giro, el líquido fluye radialmente fuera del centro del soporte hacia los extremos gracias a la fuerza centrífuga; 3) escurrido, el exceso de líquido que llega al extremo de la superficie se desprende en forma de gotas, luego el afinamiento de la película y la fuerzas de resistencia al flujo terminan con el escurrido; 4) evaporación, en este la volatilización del solvente acompañada de la contracción del material producen el afinamiento del recubrimiento.

Electroforesis: Consiste en el movimiento de las partículas cargadas en el líquido bajo la influencia de un campo eléctrico externo aplicado a través de la solución. Las partículas o polímeros se mueven en dirección opuesta o paralela a la corriente externa, dependiendo de su carga y se depositan en el cátodo o en el ánodo. Las superficies a recubrir deben ser conductoras y de geometrías relativamente planas, lo que limita la técnica.

También se han hecho investigaciones en termoforesis, donde las partículas se mueven en un gradiente térmico, y aplicación mecánica (settling), técnica en la que se esparce el sol sobre el soporte y con ayuda mecánica y evaporación se obtiene el recubrimiento. Por otra parte existen desarrollos con técnicas mixtas, aplicando varias capas con diferentes técnicas.

Inmovilización en superficies

La inmovilización en una matriz no es una práctica exclusiva de la técnica sol-gel. Se utiliza con múltiples fines en campos de aplicación muy variados y diferentes. A su vez la variedad de especies a inmovilizar es tan amplia como sus aplicaciones posibles. Se han encapsulado desde pequeñas moléculas orgánicas, polímeros, enzimas hasta células y tejidos. Dada esta gran variedad, considerando al medio inmovilizante una matriz de óxido de silicio, se denominará de ahora en más inmovilizando a la especie a ser inmovilizada.

La inmovilización consiste en mantener un inmovilizando confinado en una matriz. Este confinamiento puede tener diferentes fines. La inmovilización puede impedir la difusión del inmovilizando fuera de la matriz tanto como regularla para que esta describa una cinética particular en el tiempo. También puede inmovilizarse para proteger un inmovilizando de la degradación del medio al que va a ser expuesto (Desimone, *et al.*, 2003).

La elección de la inmovilización en un recubrimiento o en un gel húmedo está íntimamente relacionada con las propiedades del inmovilizando y la función que fuera a cumplir. Los geles húmedos son más protectores pero la función del inmovilizando deberá tener en cuenta que desde los poros exteriores de un gel hasta los interiores existe una distancia a franquear. De este modo el sustrato de una enzima debe viajar por un camino tortuoso hasta lograr su transformación en un producto que también tardará en difundir hasta el exterior del gel. Esta desventaja es subsanada por la protección que le brinda el gel, por ejemplo a una enzima sensible a degradación proteica de un medio de reacción. En la contraparte está la inmovilización en un recubrimiento de bajo espesor (<1µm), usando de ejemplo una enzima, la superficie de interacción es máxima y mínimo es el tiempo de retardo en alcanzar una velocidad de reacción constante. Sin embargo, la exposición de la enzima también es máxima y su protección mínima.

Las estrategias de inmovilización en superficie no difieren de los métodos utilizados en profundidad. Las variaciones radican en las propiedades finales del material obtenido. Los principios químicos que dan lugar a la inmovilización se fundamentan en uniones tanto de tipo no covalente, como de tipo covalente. La clasificación general alberga cuatro sistemas principales:

Inmovilización por Impregnación:

Se logra por la adsorción del inmovilizando expuesto a la matriz polimérica. Este tipo de encapsulamiento se utiliza para especies que son capaces de difundir por los poros del material. Las interacciones predominantes en este tipo de método son puente de hidrógeno, electrostáticas y de van der Waals. Estos tipo de interacciones son débiles y solo se mantienen en un medio químico característico al tipo de unión, esto hace que muchas aplicaciones se vean limitadas por la necesidad de mantener determinadas condiciones químicas que aseguren la no lixiviación del inmovilizando. Estas condiciones pueden contraponerse a las óptimas para su aplicación. Los inmovilizandos pueden ser incluidos en el material antes de la polimerización o en el material ya polimerizado, mediante la incubación y difusión hacia el interior de la matriz a través de los poros. Las interacciones presentes en esta alternativa pueden aparecer en otro método de inmovilización, de hecho lo hacen en la mayoría de ellos (Bottcher, *et al.*, 1999).

Inmovilización por inclusión:

Este método permite el encapsulamiento por restricción mecánica. Debe controlarse la porosidad del material de manera que el diámetro de poro medio sea más chico o similar al tamaño del inmovilizando. Este debe ser agregado inicialmente junto con los reactivos de polimerización (precursor, catalizador, etc). Por esto las condiciones de gelificación deben ser controladas de manera que sean lo suficientemente compatibles con la estabilidad del inmovilizando. Muy utilizada para células (Carturan, *et al.*, 2004).

Inmovilización química:

En este la inmovilización se produce por unión covalente. La técnica más utilizada es la obtención del material en una primera etapa, para luego incubarlo junto con el inmovilizando en condiciones adecuadas de reacción. Este método aprovecha los grupos químicos de los precursores de tipo OrMoSil, como el APTES o los derivados epoxidados. Los mismos grupos de los OrMoSil participan de la unión o mediante un mordiente. Este funciona como puente entre la matriz y la molécula. En ciertos casos el mordiente actúa como brazo espaciador que separa la molécula de la matriz para que no exista un impedimento estérico en su función o una rigidez que la limite. Este es el caso de anticuerpos o algunas enzimas (O'Donnell, *et al.*, 1997; Lee, *et al.*, 2005).

Copolimerización:

Esta técnica de inmovilización es la que utiliza dos tipos de precursores poliméricos distintos. La polimerización de ambos da lugar a un material con las características provenientes de los dos monómeros. Al igual que la técnica anterior utiliza precursores de tipo OrMoSil en combinación con otros precursores sin funcionalidades agregadas como TEOS o silicato de sodio (Jal, *et al.*, 2004).

PROPÓSITO E HIPÓTESIS

Propósito e Hipótesis

El estudio y aplicación del proceso sol-gel en la obtención de recubrimientos ha ganado importancia dentro de la química de materiales siendo considerada un área de especialización. Tanto la versatilidad y compatibilidad química de los precursores, como su adherencia a superficies y el bajo costo de las metodologías de su implementación en recubrimientos motivan el continuo estudio en diversos campos de aplicación. Así, es posible encontrar muchas publicaciones científicas y libros relacionados con el área.

Cronológicamente, a lo largo de la historia de la química sol-gel, luego de un profuso estudio en los alcances químicos se comenzó a analizar la posible interacción entre los materiales poliméricos de SiO_2 y sustancias orgánicas o biológicas. A partir de ese momento se produce en la química sol-gel el acercamiento de dos campos académicos diferentes, el de la química inorgánica y el de la química bioorgánica. Para lograr confluir estos dos campos en todo el mundo se fundaron grupos de trabajo interdisciplinarios constituidos por químicos inorgánicos, orgánicos, biólogos, bioquímicos y farmacéuticos.

Para el desarrollo de la presente tesis, aprovechando la formación académica de los integrantes del grupo de trabajo se postuló un objetivo interdisciplinario: la búsqueda de aplicaciones del proceso sol-gel en el área de química analítica y biotecnología. Con este fin se formuló la hipótesis de la utilización de precursores de óxido de silicio en conjunción con diferentes moléculas orgánicas, biomoléculas y biopolímeros, en forma tal de generar modificaciones en superficies de soportes, su estudio y caracterización química y funcional. El diseño de la composición de las matrices poliméricas híbridas estuvo dirigido a implementar los diferentes métodos de inmovilización para obtener la aplicación deseada.

En cada capítulo se aborda un método diferente para la obtención de un recubrimiento funcional. Empezando por una superficie puramente de óxido de silicio, para luego ensayar la inmovilización de una molécula orgánica, siguiendo por un polímero bioorgánico, y finalizar en la unión covalente de biomoléculas. La variedad de inmovilizandos elegida, así como la técnica de inmovilización necesaria en cada caso, permitieron la profundización de conocimientos básicos en un rango metodológico amplio de distintos materiales híbridos obtenidos por el proceso sol-gel, con funcionalidad bioanalítica demostrable como objetivo final.

Los capítulos se escribieron de manera de poder abordarlos individualmente ya que si bien todos responden a la hipótesis general, cada uno plantea un objetivo en sí mismo. Por esto, los capítulos comienzan con un prefacio a manera de introducción teórica a la metodología utilizada y postulado de la aplicación a evaluar. Así, para la confirmación experimental se presentan la caracterización físico-química y la caracterización funcional de los recubrimientos generados, y se discute la interpretación de los resultados obtenidos.

A su manera una tesis es muchas hipótesis. Esta, sobre todo, es cuatro hipótesis. El lector queda invitado a elegir una de las dos posibilidades siguientes:

La primera tesis se deja leer en la forma corriente, y termina en las Referencias. Por consiguiente, el lector prescindirá sin remordimientos de lo que sigue.

Las demás tesis corresponden a la hipótesis planteada en cada capítulo y se dejan leer empezando por un capítulo y siguiendo luego en el orden que se desee al próximo capítulo. En caso de confusión u olvido, bastará consultar el índice.

Con el objeto de facilitar la rápida ubicación de los capítulos, la numeración se va repitiendo en lo alto de las páginas correspondientes a cada uno de ellos.

CAPÍTULO 1

RECUBRIMIENTO SOL-GEL POR VÍA ACUOSA. ESTUDIO DE SU INTERACCIÓN CON Pb(II)

1

Recubrimiento sol-gel por vía acuosa. Estudio de su interacción con Pb(II)

Prefacio

La modificación de una superficie tiene como objetivo reasignar características físicas y/o químicas a un soporte original. Así el comportamiento de la interfase superficie-medio adquiere propiedades de utilidad deseada. La modificación de superficies no involucra estrictamente un cambio radical de la composición química de un soporte en sus zonas periféricas. En ciertos casos tan solo un cambio estructural provoca grandes variaciones en su comportamiento. Este es el caso de un xerogel de SiO_2 generado en forma de recubrimiento sobre vidrio. El componente mayoritario de ambos, soporte y recubrimiento, es el SiO_2. Sin embargo la estructura porosa y reactiva del xerogel hace que este último se comporte de manera químicamente diferente del primero. El xerogel tiene una superficie activa mucho mayor que la del soporte dado el alto número de silanoles que recubren los poros del mismo. De esta manera una propiedad intrínseca al SiO_2, como lo es la afinidad por ciertos metales, se incrementa en la zona del material recubierta por el xerogel.

La interacción química de distintos derivados de óxido de silicio con metales pesados fue descripta ampliamente en diversos libros y literatura científica (Maatman y Kramer, 1968; Schindler, *et al.*, 1976; Iler, 1979). Casi todo metal, como catión o en forma de oxoanión, es capaz de interaccionar con SiO_2 en las condiciones adecuadas. Aún así, son pocos los estudios que buscan la aplicación directa de dicha interacción. Sobre todo en el campo de la detección de metales y su preconcentrado. La gran mayoría de los desarrollos utilizan la versatilidad de la química sol-gel para la adición de moléculas con afinidad a metales sobre polímeros de SiO_2 (Jal, *et al.*, 2004). Existen algunos trabajos que analizan la aplicabilidad de derivados naturales en preconcentración de metales. Entre ellos se pueden mencionar la retención por intercambio iónico de zeolita o vermiculita y la coagulación de sílica coloidal por interacción con metales (Nakajima, *et al.*, 2004; da Fonseca, *et al.*, 2005; Minamisawa, *et al.*, 2006).

La modificación de un polímero de SiO_2 puede lograr materiales con gran afinidad y selectividad de metales, pero generalmente esta modificación es laboriosa, tiene alto costo, dado los precursores necesarios, y, por sobre todo, se realiza por rutas de síntesis orgánicas, las que generan contaminantes ambientales.

Los inconvenientes mencionados pueden evitarse por medio del uso de polímeros de SiO_2 sin la necesidad de una modificación química. Esto se lleva a cabo utilizando precursores que obedecen a una polimerización por vía acuosa. Por ejemplo SiO_2, solubilizado en medio alcalino, o silicato de sodio. A continuación se profundiza en el estudio del uso de silicato de sodio para la obtención de un xerogel que será evaluado en su capacidad de atrapar metales pesados y su aplicación como soporte de extracción en fase sólida para el preconcentrado.

El sol es generado por solubilización de silicato de sodio en medio acuoso. Este una vez disuelto da a la solución un pH alcalino en el cual casi la totalidad de los oxígenos unidos al silicio se encuentran desprotonados, en la forma de silanóxidos. La repulsión electrostática impediría la condensación retardando la polimerización. La disminución del pH de la solución a un pH 5 permite que el número de silanoles en los monómeros crezca, de esta manera reduciéndose la repulsión electrostática. Esto permite que se produzca el ataque nucleofílico sobre el silicio, dando lugar a la unión Si-O-Si. Así la formación de oligómeros cataliza la polimerización y formación del gel. Introduciendo al medio de reacción un soporte sólido, vidrio, capaz de interaccionar con el precursor, a este pH los silanoles activados generarán uniones tanto con otros silanoles como con el material soporte. La posterior evaporación de agua de los poros de la matriz polimérica generada dará lugar a un xerogel.

El diseño del recubrimiento de silicato sobre la superficie de un portaobjeto permite un gran área de interacción con la muestra a reaccionar. Este soporte a su vez facilita una manipulación sencilla del recubrimiento en los ensayos a realizar. Si bien la adsorción de Cd(II), Cr(III), Cr(VI) y Pb(II) sobre el soporte fue analizada, el metal elegido para la evaluación de un sistema de extracción en fase sólida (SPE) fue el Pb(II), dada su importancia a nivel ambiental por ser un tóxico encontrado en medio acuoso. Esta elección fue realizada sobre la base de la necesidad de preconcentración que requiere su análisis rutinario. El Pb(II) se encuentra en masas de agua en concentraciones cercanas o inferiores a los límites de cuantificación (LOQ) de las técnicas más sensibles de determinación de metales pesados. El nivel de Pb(II) en aguas naturales rara vez excede los 5 μg/l pero este se acumula en tejidos tanto humanos como de eslabones inferiores de la cadena alimentaria (Berman, 1980c; Greenberg, *et al.*, 1992). Esto hace que la determinación de Pb(II) usualmente requiera un paso de preconcentración y un posterior método sensible de detección como es la Espectroscopía de Absorción Atómica con atomización por el método Electrotérmico (Tsalev, 1995).

Materiales y métodos

Reactivos

Silicato de Sodio y $CrCl_3$ fueron comprados a Riedel-de-Haën (Seelze, Alemania), Cloruro de Plomo y Cloruro de Cadmio a Merck (Darmstadt, Germany). Cromato de Potasio se adquirió de Anedra (Bs. As., Argentina). El HNO_3 utilizado fue J.T.Baker (NJ, EEUU) calidad para análisis de trazas de metales pesados. Todos los demás reactivos utilizados poseían grado analítico.

Las muestras de agua ensayadas fueron: de red de la ciudad de Buenos Aires, de red de la ciudad de Mendoza y de pozo de la ciudad de Monte Grande (Prov. Buenos Aires). Todas fueron tomadas y utilizadas en los ensayos sin tratamiento.

Obtención de recubrimientos de Silicato

Los recubrimientos se realizaron sobre portaobjetos de vidrio (75 mm x 25 mm). Los mismos fueron acondicionados mediante sonicado (30 min, 35kHz), primero en acetona y luego en etanol. Finalmente, se los secó en estufa a 60ºC.

La generación de los recubrimientos de silicato para extracción en fase sólida (Si-SPE) fue realizada por inmersión. La solución empleada fue: silicato de sodio al 4% p/v (0,17 g/ml), sc. tamponada de KH_2PO_4 0,2 M pH 5, agua y HCl 1 M (2:4:1:1). Los soportes fueron dejados en contacto con esta mezcla, durante 5 min a 25ºC. Posteriormente, fueron secados a 25ºC. Los Si-SPE así obtenidos mostraron poseer transparencia óptica luego del proceso de envejecimiento.

Previo a los ensayos de adsorción, los portaobjetos fueron acondicionados de la siguiente manera: se los envejeció a 37ºC durante 48 h, posteriormente fueron sumergidos en agua ultrapura por 2 h, luego HNO_3 5% v/v durante 4 hs y finalmente en agua ultrapura por 2 h.

Caracterización Físico-Química de los recubrimientos

Microscopía de Barrido Electrónico

Las muestras fueron analizadas usando un microscopio de barrido electrónico (SEM) Phillips 505 para la obtención de imágenes en escala micrométrica. Previo a las imágenes se realizó un recubrimiento de 20 nm de oro para lograr que la superficie a analizar sea conductora.

Espectroscopía de infrarrojo

Se obtuvo el espectro de absorción al infrarrojo de los recubrimientos en el rango 4000 a 650 cm^{-1} por medio del uso del accesorio de Reflectancia Total Atenuada (Perkin Elmer, Spectrum One IR) con placa plana de ZnSe (45º).

Previamente a estos ensayos todos los recubrimientos fueron secados 24 h a 60ºC para evitar bandas asociadas a H_2O.

Caracterización Funcional de los recubrimientos

Ensayos de Adsorción, Cinética y Preconcentrado

Con la finalidad de comprobar la capacidad del SiO_2 de adsorber metales pesados, se expuso a los Si-SPE a soluciones conteniendo Cd(II), Pb(II), Cr(III) o Cr(VI).

Como se mencionó anteriormente, el Pb(II) fue elegido como metal modelo para la caracterización de la capacidad de adsorción y preconcentrado de los recubrimientos Si-SPE. Para su estudio se utilizó el método de inmersión en volúmenes conocidos de solución ensayo. De esta forma se evaluaron parámetros tales como: pH, temperatura, tiempos de adsorción y desorción, permitiendo así la optimización de los mismos. Por otro lado, con el fin de minimizar problemas de contaminación, ya sea por elementos ajenos y/o procesos de adsorción no relacionados a los recubrimientos en estudio, se utilizaron recipientes plásticos. Cuando fue ineludible la utilización de material de vidrio volumétrico, el mismo fue lavado con solución de ácido nítrico hasta que no se detectó contaminación.

Las muestras fueron preparadas mediante el agregado de Pb(II) (concentración final conocida), a muestras de agua de distintos orígenes: ultrapura, de red y de pozo. En general, los ensayos sobre los recubrimientos Si-SPE fueron realizados mediante su inmersión en soluciones de 200 ml conteniendo un rango de 1 a 500 μg/l de Pb(II). Para el ensayo del preconcentrado de niveles inferiores a 1 μg/l, se utilizaron volúmenes de inmersión de 1000 ml. El pH de las soluciones fue ajustado en el rango pH 3 a pH 7. Los tiempos óptimos de incubación, fueron ensayados a 25ºC y 37ºC.

Tanto para las isotermas de adsorción como para los ensayos de preconcentración, las condiciones de incubación y desorción fueron las encontradas como óptimas en lo que se refiere a pH, temperatura, tiempo de incubación, utilizando un rango de 0,1 a 500 μg/l de Pb(II). Todos los ensayos fueron contrastados con experimentos blancos utilizando portaobjetos vírgenes.

El proceso de preconcentrado de metal utilizando los Si-SPE, fue realizado según el siguiente protocolo:

a- Luego de la incubación en la solución con Pb(II) agregado, los portaobjetos fueron secados al ambiente y colocados en placas Petri plásticas.

b- Un volumen de 0,5 ml de HNO_3 5% v/v fue utilizada para cubrir los mismos.

c- Los portaobjetos fueron cubiertos con Parafilm® de forma tal de evitar la evaporación, así como asegurar un contacto uniforme entre el recubrimiento y la solución. Luego de esto, fueron conservados a temperatura ambiente (25°C) con una humedad relativa no inferior al 90%. El tiempo óptimo de desorción, fue el hallado a través de los experimentos cinéticos.

La posibilidad de reutilización de los portaobjetos fue evaluada realizando la misma secuencia mencionada para los ensayos de preconcentración, intercalando entre los ciclos de preconcentración, un proceso de lavado con agua-HNO_3-agua; luego del cual se añade un paso de incubación de 2 h con solución de HNO_3 al 5% v/v (este último, para verificar la presencia residual de Pb(II)), reiniciando a continuación, el protocolo de preconcentrado previa incubación con agua.

El proceso de preconcetrado se llevó a cabo también sobre muestras reales de agua de red y pozo, a las cuales se agregó Pb(II) (para una concentración final conocida). Este ensayo se realizó con el fin de evaluar los porcentajes de recuperación de metal así como interferencias debidas a otros iones. Todos los experimentos y mediciones, fueron realizados por duplicado, bajo idénticas condiciones.

Espectrometría de Absorción Atómica

Las determinaciones de metales se realizaron utilizando un Espectrofotómetro de Absorción Atómica Buck Scientific VGP 210 (E. Norwalk, CT, EEUU), por el método de atomización electrotérmica, usando tubos de grafito con cubierta pirolítica. Como fuente de radiación se emplearon las lámparas de cátodo hueco correspondientes para cada metal en las líneas de emisión recomendadas por el fabricante. En la determinación de Pb(II) se utilizó como modificador de matriz una solución al 0,01 % de nitrato de níquel (Tsalev y Slaveykova, 1998). El volumen de inyección fue de 20 µl y cada determinación se realizó por triplicado. Las demás condiciones instrumentales, fueron las recomendadas.

Electroforesis Capilar

La composición de especies iónicas en los estudios con muestras reales de agua, fueron realizadas utilizando un sistema de electroforesis capilar Capel-105M Lumex Ltd. (San Petersburgo, Rusia). La solución de corrida utilizada contuvo Creatinina 15mM, HIBA 15 mM, Metanol 10 % v/v, pH 4,4 (ajustado con Ac. Acético glacial). Las corridas electroforéticas se realizaron por inyección por presión hidrostática (5 seg) y a un voltaje constante de +20kV, con detección por absorción indirecta a 214 nm (Giorgieri, *et al.*, 1997).

Resultados y Discusión

Caracterización Físico-Química

Microscopía de Barrido Electrónico

Todos los recubrimientos generados son traslucidos, tal es así que difícil es diferenciarlos de un portaobjeto no recubierto. El silicato de sodio usado como precursor es un monómero tetrafuncional. Por esto el proceso de polimerización lleva a un polímero con un grado de entrecruzamiento complejo (Meakin, 1986; Brinker y Scherer, 1990). Las cadenas se entrecruzan generando estructuras tridimensionales, así la imagen de SEM para los recubrimientos Si-SPE, muestran la característica imagen que ofrece el mallado de óxido de Silicio. Esto se observa como cadenas poliméricas dispuestas en pequeñas geometrías planas, por contacto con la interfase vítrea, dando origen a ramificaciones elevadas sobre la estructura de vidrio original (figura 1).

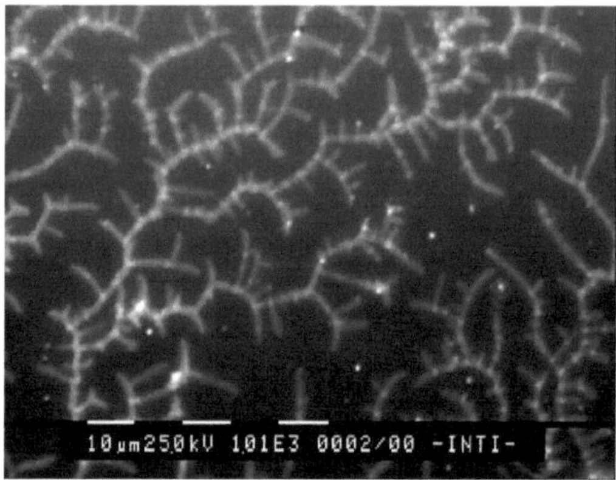

Figura 1: Imagen de microscopía electrónica del recubrimiento.

Espectroscopía de infrarrojo

Los espectros de ATR-IR de los recubrimientos Si-SPE y del vidrio utilizado como soporte se muestran en la figura 2. En el espectro del vidrio soporte pueden observarse las bandas anchas características a SiO_2 a 750 cm^{-1} y 900 cm^{-1} correspondientes a estiramientos simétricos Si-O-Si y estiramientos Si-OH respectivamente (Nakagawa y Soga, 1999). En el espectro del recubrimiento Si-SPE se evidencia un angostamiento de la banda de estiramientos Si-OH, lo que produce un corrimiento del máximo a 880 cm^{-1}, junto con la banda correspondiente a estiramientos simétricos Si-O-Si a 750 cm^{-1}. Por otra parte en este espectro se observan bandas en el rango 1100-1000 cm^{-1}. Estas bandas son asignadas por otros investigadores a los estiramientos asimétricos Si-O-Si provenientes de la condensación de precursores poliméricos en el estadío oligomérico (Orel, *et al.*, 2005). La diferencia en los espectros demostraría la presencia del recubrimiento sobre la superficie soporte.

1

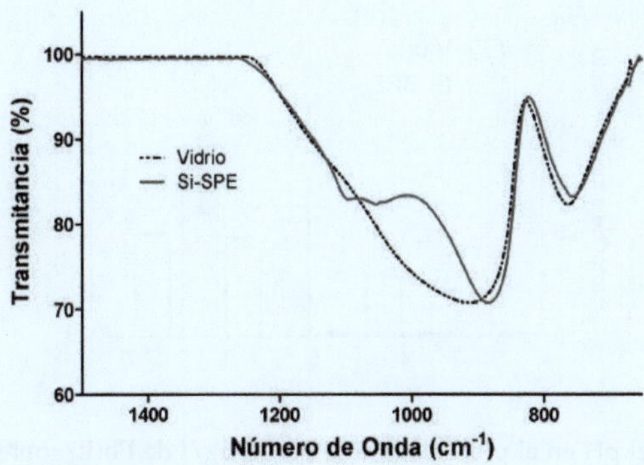

Figura 2: Espectro de ATR-FTIR de vidrio sin recubrir y de los recubrimientos Si-SPE.

Caracterización Funcional de los recubrimientos

<u>Efecto del pH en el proceso de adsorción</u>

El efecto del pH de la solución acuosa sobre la adsorción de Pb(II), fue investigado en el rango de pH 3-7 (figura 3). Valores de pH superiores a 8, no fueron evaluados ya que $Pb(OH)_2$ precipita de la solución (Burriel Martí, *et al.*, 1989). La adsorción de Pb(II) a la superficie de silicato, aumenta junto con el incremento del pH de la solución, alcanzando su máximo a pH 7. Un comportamiento similar, fue observado por otros investigadores, quienes indicaron que el Si_sOH y H-OH poseen un comportamiento similar como ligandos, lo que se evidencia como la formación de complejos silicato-metal a una unidad de pH inferior a la cual el hidróxido de metal precipita (Schindler, *et al.*, 1976; Iler, 1979). De la misma forma, esto explicaría que la adsorción del Pb(II) en el vidrio no recubierto se haya incrementado de la misma manera a valores de pH cercanos a 7 (figura 3).

1

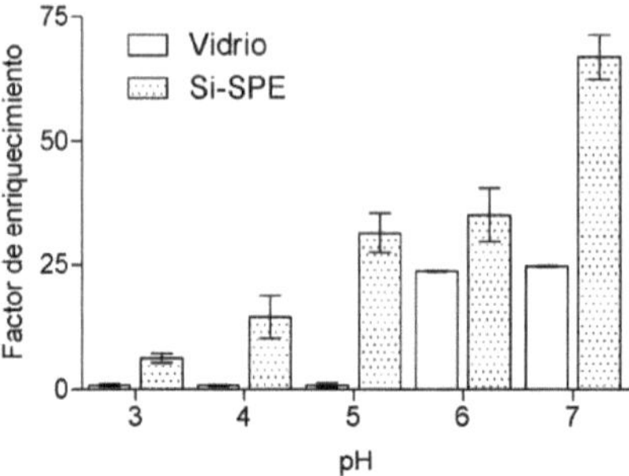

Figura 3: Efecto del pH en el preconcentrado de 50 μg/l de Pb(II) sobre vidrio y sobre los recubrimientos Si-SPE.

<u>Efecto del tiempo y la temperatura en los experimentos de adsorción y desorción</u>

Los datos cinéticos experimentales, se muestran en figura 4 y 5. Los mismos muestran cómo varían las concentraciones de Pb(II) en función del tiempo para el proceso de adsorción (pH 7) y el de desorción (HNO_3 5%), respectivamente. Con el fin de analizar la influencia de la temperatura de incubación en la captación, se realizaron estudios cinéticos suponiendo una cinética de pseudo-primer orden para su análisis, utilizando la siguiente equación (ter Laak, *et al.*, 2005; Durjava, *et al.*, 2007):

$$C_t = C_{eq} + C_x.e^{-k.t} \tag{1}$$

donde C_t y C_{eq} son las concentraciones en solución de Pb(II) a tiempo t y en el equilibrio respectivamente (μg/l), C_x es la diferencia entre la concentración inicial de metal (C_0) y su concentración en el equilibrio (C_{eq}) (μg/l).

La captación resulta ser mayor para las incubaciones a 37°C, que para aquellas realizadas a 25°C (figura 4). A esta temperatura, la adsorción para una concentración inicial de 5 μg/l de Pb(II), alcanza el equilibrio a las 8 h de incubación. Se encontró que la concentración de equilibrio de Pb(II) en solución acuosa era mayor en las incubaciones a 25°C que en aquellas realizadas a 37°C, lo que indicaría una mayor adsorción a mayores temperaturas. De aquí en más todos los experimentos fueron realizados a una temperatura de incubación de 37ºC. La desorción de Pb(II) de los recubrimientos Si-SPE, fue evaluada mediante la utilización de una solución de HNO_3 al 5%, alcanzándose el equilibrio de desorción a las 2 hs a temperatura ambiente (figura 5).

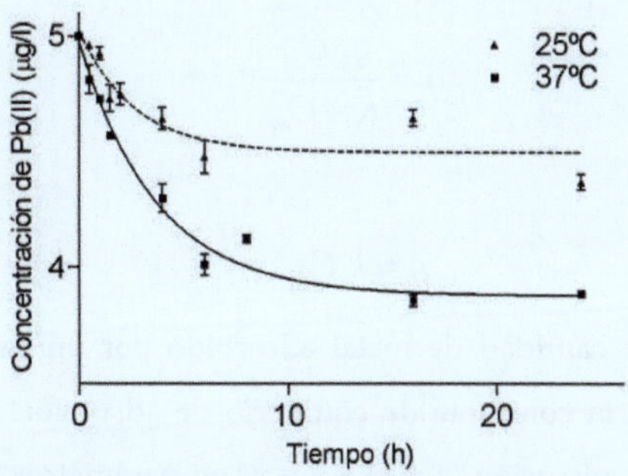

Figura 4: Influencia de la temperatura en el decaimiento de 50 µg/l de Pb(II) en una solución expuesta a los recubrimientos Si-SPE a pH 7.

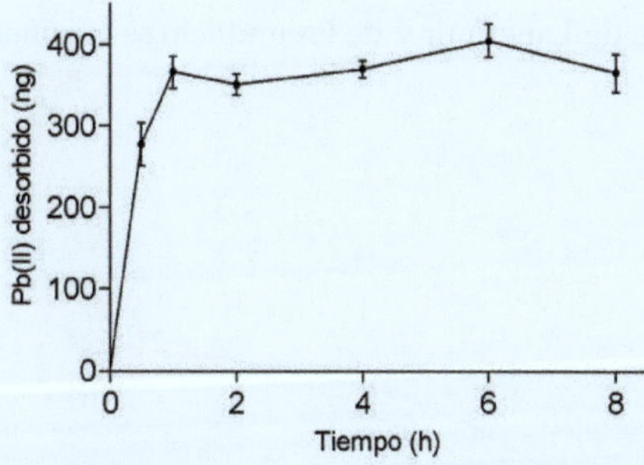

Figura 5: Pb(II) desorbido en el tiempo por incubación de los recubrimientos Si-SPE en 5% HNO_3 a temperatura ambiente.

Isotermas de adsorción

Los datos empleados para las isotermas de adsorción, fueron los obtenidos luego de 8 h a 37ºC y pH 7 y 2 h para la desorción ácida. Los parámetros fueron ajustados a los modelos matemáticos de Langmuir y

Freundlich para isotermas de adsorción a los fines de interpretar y caracterizar el proceso de adsorción de los recubrimientos. Estos modelos son los más utilizados para la interpretación de la homogeneidad de interacción y capacidad de los sitios de interacción.

Las isotermas de adsorción de Langmuir y Freundlich, pueden ser representadas utilizando las ecuaciones (2) y (3) respectivamente (Suen, 1996):

$$q = \frac{q_0 . C_{eq}}{K + C_{eq}} \tag{3}$$

$$q = k . C_{eq}{}^{n} \tag{4}$$

donde q representa la cantidad de metal adsorbido por unidad de masa del sorbente (µg/g), K es la constante de equilibrio de adsorción (µg/l), q_0 es la capacidad máxima de adsorción (µg/g) y k y n son parámetros arbitrarios. Las dimensiones de k dependen del valor que adquiera n. En la figura 6 se muestran las isotermas de adsorción, presentando al mismo tiempo los ajustes de Langmuir y de Freundlich. Los parámetros obtenidos para las regresiones no lineales de los modelos de Langmuir y de Freundlich, se encuentran en la tabla 1.

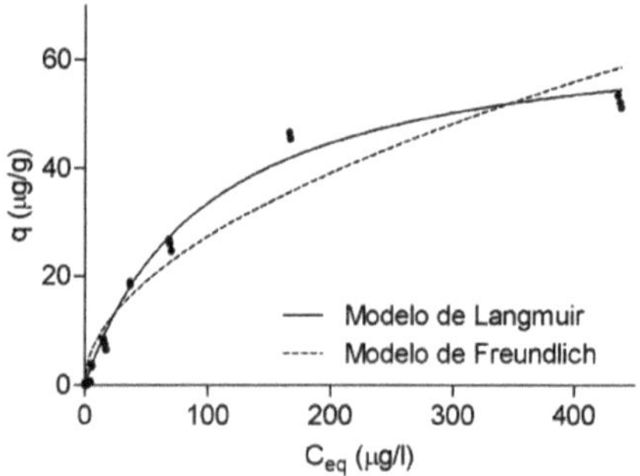

Figura 6: Isoterma de adsorción de Pb(II) para los recubrimientos Si-SPE. Se representan los modelos de Langmuir y Freundlich.

Tabla 1 Parámetros de la isoterma de adsorción de Pb(II) sobre recubrimientos Si-SPE

Langmuir			Freundlich		
q_0 (µg/g)	K (µg/l)	R^2	k	n	R^2
66,8±1,7	99,3±6,1	0,989	2,51±0,38	0,518±0,028	0,935

Los recubrimientos mostraron un mejor ajuste para el modelo de Langmuir que para el de Freundlich. Los modelos de Langmuir, presentan un mejor ajuste experimental para los sistemas en los que la adsorción se da en forma de una monocapa homogénea. En esta todas las uniones entre los sitios de unión y el metal estarían dadas por una interacción característica que mantiene la misma energía de unión (Ho y McKay, 2000). El valor de capacidad máxima de adsorción obtenido para el modelo de Langmuir, indica que el sorbente no posee una gran capacidad de adsorción. De esta forma, las aplicaciones deben focalizarse en su empleo en sistemas de preconcentrado y no en sistemas de remediación de aguas.

<u>Preconcentración en muestras de agua</u>

Los resultados derivados de las isotermas de adsorción, indican que antes que los sitios de adsorción comiencen a saturarse, existe una relación lineal entre la concentración inicial de Pb(II) en las muestras y la concentración final de Pb(II) desorbido. La ecuación de regresión lineal para esta relación fue y = 68,896 x - 15,615 (R^2 = 0,996). El límite de detección (LOD) para las medidas directas por ETAAS y aquellas asociadas con el proceso de preconcentrado, fueron calculadas utilizando la ecuación LOD = 3,29 x σ_{BL}/b, donde σ_{BL} es el desvío estándar (SD) proveniente de 10 mediciones de blanco y b es la pendiente de la curva de calibración (Greenberg, *et al.*, 1992; Soylak y Cay, 2007). El procedimiento de preconcentrado de Pb(II), seguido de la determinación por ETAAS, mostró ser 10 veces más sensible que la simple determinación por ETAAS (LOD = 0,228 µg/l y 2,011 µg/l respectivamente).

No resultó ser necesaria la filtración o centrifugación de las muestras reales de agua para estos experimentos.

Los ensayos de preconcentrado demostraron que los recubrimientos Si-SPE, pueden ser aplicados a muestras reales de agua con excelentes valores de recuperación, como se muestra en la tabla 2. Para muestras de agua ultrapura y agua de red de Buenos Aires, las recuperaciones fueron siempre mayores a 95%. La detección de una concentración inicial de 0,5 μg/l fue posible utilizando un volumen de muestreo de 1000 ml. Cuando se investigó en agua de pozo de domicilios de Monte Grande, se hallaron valores de concentración inicial de 1,77 μg/l. En el análisis de estas aguas luego del preconcentrado, los valores calculados de concentración inicial coincidieron con los valores de Pb(II) agregado sumados al contenido original de Pb(II) en las mismas, siendo los valores de recuperación mayores al 99%. Los valores de Pb en agua pueden provenir de la solubilización del mismo desde viejas cañerías de Pb y/o soldaduras de Pb de estas (Greenberg, *et al.*, 1992). Lo que fue confirmado en este caso dado que el material de las cañerías asociadas al pozo es plomo.

La recuperación de Pb no fue afectada por el contenido de cationes monovalentes, pero sí por la dureza del agua. Esto se muestra en la tabla 2, donde se puede ver que el agua de red en Mendoza (agua dura), posee valores de recuperación considerablemente inferiores al agua de pozo de Monte Grande (agua blanda), a pesar de tener valores similares de contenido de cationes monovalentes. Se presume que la diferencia surge debido a que el agua de red de Mendoza posee una dureza 3 veces mayor a la del agua de pozo. Esto probablemente sea debido a la eficiente competencia de cationes polivalentes con los sitios de unión del Pb^{2+}. El Ca^{2+} y el Mg^{2+} son constituyentes predominantes del agua dura (Greenberg, *et al.*, 1992). Otros estudios han demostrado que estos cationes poseen, al igual que el Pb(II), una gran afinidad para ser adsorbidos por superficies de silica (Iler, 1979).

Tabla 2 Determinación de Pb(II) en muestras de agua preconcentradas con los recubrimientos Si-SPE

Muestra de agua	Agregado (μg/l)	Hallado (μg/l)	F.E.[a]	Concentración Inicial (μg/l)[b]	Recuperación (%)	Cationes Monovalentes (mg Na/l)	Dureza (mg $CaCO_3$/l)
Ultrapura	0[c]	n.d.[d]	—	—	—	n.d.	n.d
	0,1[c]	n.d.	—	—	—	n.d.	n.d
	0,5[c]	21,03±1,40[e]	42	0,53±0,02	106,4	n.d.	n.d
	0,5	n.d.	—	—	—	n.d.	n.d
	1	56,71±3,30	58	1,05±0,05	105,0	n.d.	n.d
	2	115,32±4,06	58	1,90±0,06	95,1	n.d.	n.d
	10	683,33±11,38	68	10,15±0,17	101,5	n.d.	n.d
Red-Buenos Aires	0	n.d.	—	—	—	32,4	55,4
	2	115,60±0,83	58	1,91±0,01	95,5	32,4	55,4
	10	640,15±13,52	64	9,52±0,20	95,2	32,4	55,4
Pozo-Monte Grande	0	106,07±3,04	—	1,77±0,04	—	100,5	106.6
	2	246,11±1,86	—	3,80±0,03	100,9	100,5	106,6
	10	793,15±0,1	—	11,74±0,01	99,8	100,5	106,6
Red-Mendoza	0	n.d.	—	—	—	87,9	309,9
	2	72,53±7,22	36	1,28±0,11	64,0	87,9	309,9
	10	294,33±25,19	29	4,50±0,37	45,0	87,9	309,9

[a]Factor de Enriquecimiento; [b]Calculado de $y = x.m + b$; [c]Volumen de muestra = 1000 ml; [d]No detectado; [e]Media ± SD (n=6)

Reutilización de recubrimientos de Si-SPE

La reutilización de los recubrimientos Si-SPE se investigó sometiendo a un mismo dispositivo al preconcentrado y determinación de 1 μg/l de Pb(II). Esto fue considerado como un ciclo de preconcentración. Antes de cada ciclo se realizaron los lavados correspondientes. De esta manera la reutilización se evaluó realizando 5 ciclos de preconcentrado consecutivos, comparando las recuperaciones halladas con el valor proveniente del primer ciclo (figura 7). No se detectó plomo en el sobrenadante de los lavados. Luego de 5 ciclos, la recuperación relativa fue no menor al 90%, permitiendo aseverar que los recubrimientos Si-SPE pueden ser utilizados en múltiples determinaciones.

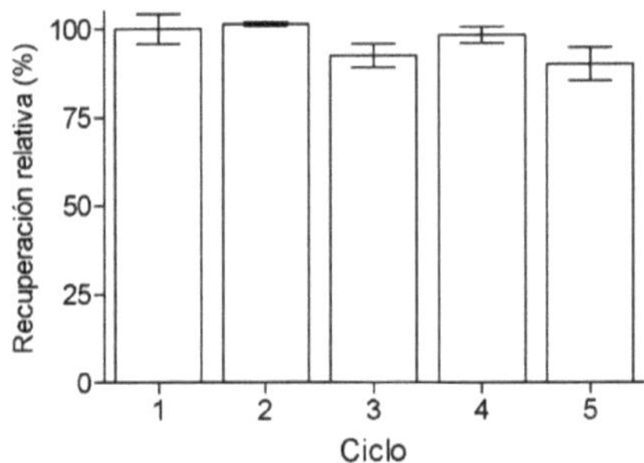

Figura 7: Recuperación relativa de 1 μg/l de Pb(II) en ciclos consecutivos de preconcentrado usando recubrimientos Si-SPE.

Ensayos de adsorción de Cd(II), Cr(III) y Cr(VI)

Con la finalidad de comprobar la interacción de diferentes metales pesados con el SiO_2, se expuso a los Si-SPE a soluciones conteniendo: Cd(II), Cr(III) o Cr(VI). En la figura 8 se muestra el efecto del pH en la adsorción de dichos metales a los recubrimientos Si-SPE. En el caso del Cr(III) y del Cd(II), los cuales se encuentran en sus formas catiónicas, se observó una mayor adsorción a pH 4. Aunque podría esperarse una influencia del pH similar a la que este tiene sobre la adsorción del Pb(II), el efecto es el contrario. A pH bajos el número de sitios cargados en la superficie es bajo dada la proximidad al punto de carga cero (pH 2), sin embargo este comportamiento se ha descripto en la literatura tanto para el Cr(III) como para otros metales trivalentes, Fe^{3+}, Al^{3+} ,y para el UO_2^{2+} (Iler, 1979). Para el caso del Cd(II), la literatura postula un comportamiento similar al Pb(II) con mayor adsorción a pHs altos (Schindler, *et al.*, 1976). Este resultado no se reproduce en las condiciones experimentales utilizadas. La adsorción de Cr(VI), como cromatos sobre sílica es una interacción de naturaleza débil, no respondiendo a un comportamiento definido, por lo que se observa una adsorción equivalente a los dos pHs ensayados. Una causa de este comportamiento es postulada por Maatman y Kramer, quienes sugieren que la superficie de SiO_2 posee sitios con OH^- y H^+ ionizables. Así, la interacción de cromato estaría dada por un equilibrio de intercambio catiónico-aniónico con mayor tasa de intercambio de grupos -OH a medida que aumenta la acidez del medio (Maatman y Kramer, 1968).

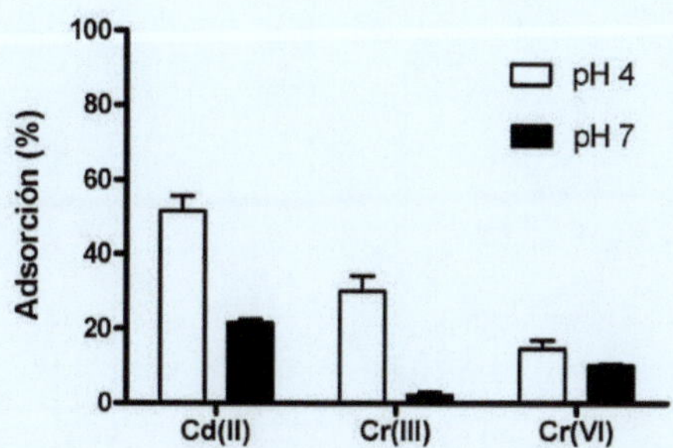

Figura 8: Efecto del pH en la adsorción de 10 μg/ml de Cd(II), Cr(III) y Cr(VI).

Conclusiones

Mediante el uso de química sol-gel por vía acuosa fue posible obtener recubrimientos de óxido de silicio, a partir de un precursor simple como el silicato de sodio. Estos recubrimientos poseían transparencia óptica y demostraron su eficiencia a los fines de extracción en fase sólida de Pb(II). Este método de obtención de recubrimientos de silicato en un único paso, resulta ser simple y suave, llevándose a cabo en medio acuoso sin requerimiento de solventes orgánicos o precursores tóxicos, lo que resulta relevante tanto desde el punto de vista ecológico como económico. El proceso de preconcentrado de Pb(II) en muestras de agua, incrementó 10 veces el LOD de la determinación por ETAAS, sin ser necesario el tratamiento de las muestras antes de su análisis. Estos estudios demuestran la aplicabilidad de estos sistemas de extracción/preconcentración en fase sólida en la determinación de trazas de Pb(II) en muestras de agua blanda, con las ventajas propias al método de preparación y la posibilidad de su reutilización y bajo costo.

Los resultados de absorción de Cd(II), Cr(III) y Cr(VI), muestran la potencial aplicación de los recubrimientos Si-SPE en el preconcentrado de estos metales, al mismo tiempo que demuestran una falta de selectividad por parte de la matriz de SiO_2.

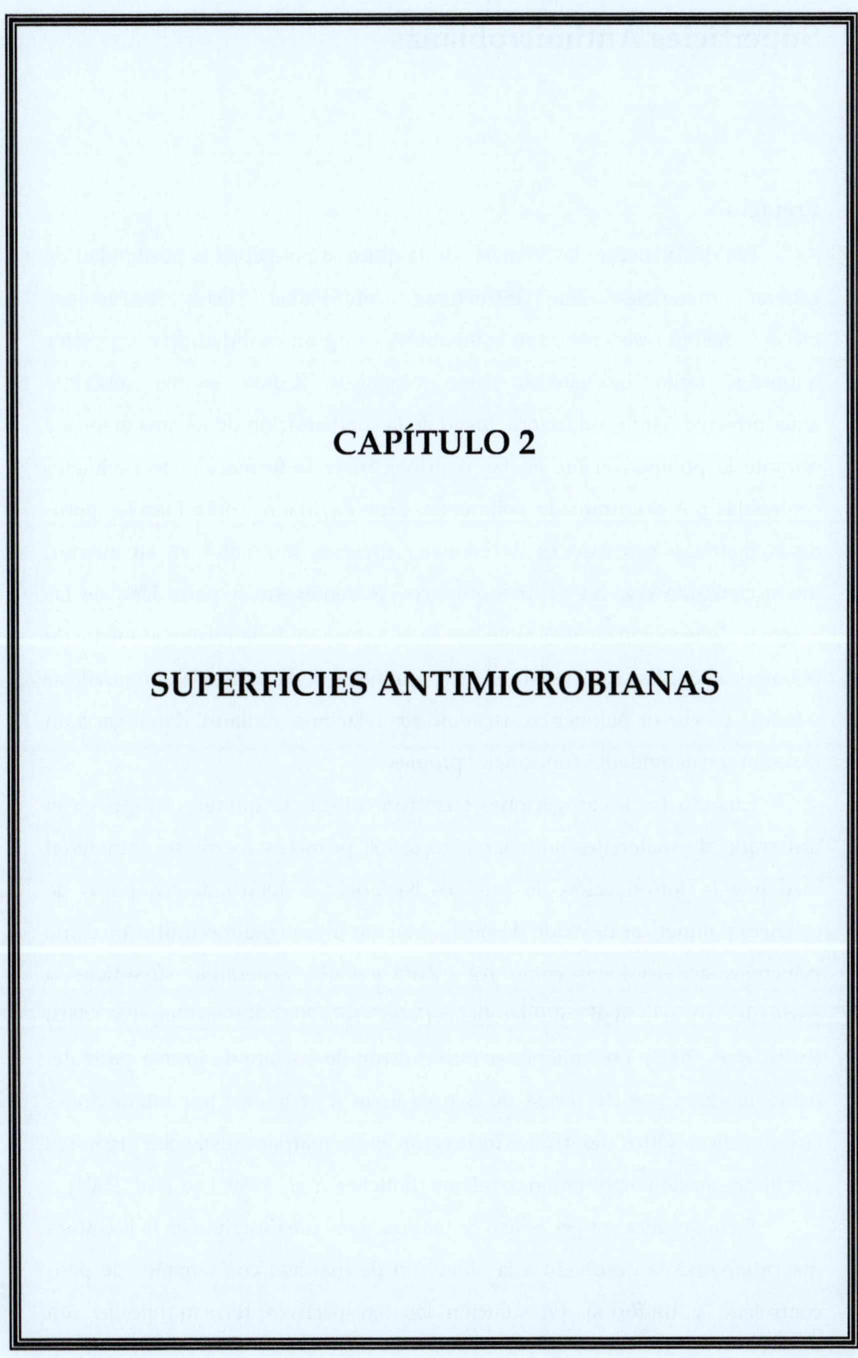

CAPÍTULO 2

SUPERFICIES ANTIMICROBIANAS

2

Superficies Antimicrobianas

Prefacio

Sin duda una de las ventajas de la química Sol-gel es la posibilidad de generar materiales con estructuras controladas. Estas estructuras, mecánicamente resistentes, son compatibles con gran cantidad de compuestos químicos, tanto inorgánicos como orgánicos. Como se ha descripto anteriormente (en Introducción), luego de la condensación de los precursores y durante la polimerización, en las matrices existe la formación de cavidades contenidas por el entramado polimérico. Estas cavidades conforman los poros de la matriz y son capaces de contener diversas moléculas en su interior, interaccionando con los grupos químicos presentes en el poro. Una de las maneras de inmovilizar una molécula es el agregado de la misma al medio de polimerización. Las características físico-químicas de la molécula a inmovilizar y las del precursor polimérico, así como sus relaciones molares, dan lugar a un material con actividades funcionales propias.

Cuando las investigaciones buscaron utilizar la química Sol-gel en el desarrollo de materiales antimicrobianos, los primeros logros se obtuvieron mediante la introducción de cationes bactericidas dentro de los poros de matrices poliméricas de óxido de silicio. Muchos investigadores utilizaron como principios activos iones como Ag^{+}, Zn^{2+} y Cu^{2+}, generando superficies o partículas con actividad antimicrobiana (Jeon, *et al.*, 2003; Kawashita, *et al.*, 2003; Rusin, *et al.*, 2003). Los cationes se introdujeron de manera de formar parte del óxido inorgánico o de forma de que se unan a la matriz por interacciones electrostáticas. Otros desarrollos incluyeron en las matrices sustancias orgánicas por impregnación o por unión covalente (Bottcher, *et al.*, 1999; Lee, *et al.*, 2004).

En la química sol-gel, el uso de tensioactivos fue descripto en la literatura mayoritariamente destinado a la obtención de matrices con tamaños de poro controlado y uniforme. En solución los tensioactivos forman micelas con diámetro homogéneo. Mezclados en el medio de polimerización logran que el entrecruzamiento del polímero se de alrededor de las micelas siguiendo su contorno. Muchas veces este proceso está dirigido por las mismas cargas de las cabezas polares de los tensioactivos (Cagnol, *et al.*, 2003). Se ha descripto el uso de amonios cuaternarios como el bromuro de cetil tetrametil amonio (CTAB) entre otros. Luego de la gelificación los surfactantes son removidos por calcinación o extracción con solventes orgánicos.

A su vez, las moléculas tensioactivas son reconocidas por su poder antimicrobiano. Dentro de este grupo se encuentran los ya mencionados amonios cuaternarios y los conocidos como surfactantes zwitteriónicos o anfotéricos (Domagk, 1935; Block, 1983).

Aprovechando la interacción de los precursores de SiO_2 con los tensioactivos puede generarse un material con propiedades antimicrobianas. Así, la inmovilización de un surfactante dentro de una matriz que lo contenga y a su vez permita su acción letal hacía los microorganismos que entren en contacto con ella, conferirá al material en su conjunto actividad antimicrobiana. La generación de una superficie con actividad antimicrobiana constituye el propósito del siguiente estudio. Para ello se procedió a la elección del precursor polimérico y el tensioactivo antimicrobiano adecuados.

Como precursor se optó por el Tetraetoxi silano (TEOS), cuya ventaja radica en que para su polimerización requiere la previa hidrólisis de los restos etilo de la molécula, liberados como etanol. El medio alcohólico, de rápida evaporación, es ideal para la generación de un xerogel fijo y compacto sobre una superficie. Un precursor que utilice la ruta acuosa para su polimerización hubiera generado un recubrimiento de mayor espesor. La lenta evaporación del agua del medio conduciría a un gel más laxo y menos denso. El incremento del espesor del recubrimiento influiría negativamente en las características del mismo. Por una parte los recubrimientos con espesores mayores al micrón tienden a no ser adherentes por contraerse sobre sí mismos impidiendo una fijación al soporte. Por otro lado la accesibilidad del antimicrobiano a la interfase polímero-medio, donde tendría su acción contra los microorganismos, se vería influenciada por el espesor del recubrimiento. Esto actuaría en detrimento de la eficiencia antimicrobiana de la superficie generada.

Otro motivo que llevó a la elección de TEOS como precursor se relaciona con la solubilidad en etanol del antimicrobiano elegido. El biocida utilizado fue la Dodecil-di-(aminoetil)-glicina (Tego 51®), elegido principalmente por que los surfactantes anfotéricos son reconocidos como agentes de superficie, usados como desinfectantes en hospitales e industria para desinfección de ambientes e instrumentos (Gardner y Peel, 1986). El Tego 51, cuya estructura se muestra en la figura 1, tiene a su vez afinidad por superficies de vidrio. Su mecanismo de acción es la desorganización de la membrana plasmática, alterando sus funciones y originando la perdida de diferentes metabolitos (D'Aquino y Rezk, 1995).

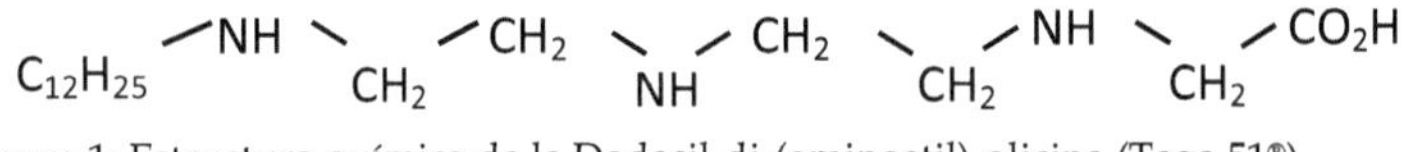

$C_{12}H_{25}-NH-CH_2-CH_2-NH-CH_2-CH_2-NH-CH_2-CO_2H$

Figura 1: Estructura química de la Dodecil-di-(aminoetil)-glicina (Tego 51®).

Por lo anteriormente mencionado, la compatibilidad del TEOS y el Tego en solución alcohólica dan lugar, luego de la hidrólisis ácida del precursor polimérico, a una mezcla reactiva frente a la superficie de vidrio a la cual serán expuestas. Para la obtención del recubrimiento fueron elegidos portaobjetos como soporte mecánico. Estos fueron sumergidos verticalmente en la mezcla de Tego y ácido silícico (TEOS hidrolizado). Cuando los soportes son extraídos de la solución mezcla, el volumen de líquido adherido su superficie comienza a disminuir rápidamente por evaporación. Aunque en medio ácido, a un pH cercano al punto de carga cero (pH 2), el ácido silícico gelificaría muy lentamente, la evaporación del solvente fuerza a la proximidad de los monómeros al mismo tiempo que el aumento en la concentración de iones reduce las fuerzas de repulsión que mantienen el sol estable, alterando la doble capa eléctrica. De esta manera las partículas empiezan a condensar mediadas por el proceso de polimerización y por consiguiente la obtención final del xerogel. El material obtenido fue caracterizado físico-químicamente y funcionalmente como se indica a continuación.

Materiales y métodos

Reactivos y microorganismos

Tetraetoxi silano (TEOS) fue comprado a Fluka (Buchs, Suiza). Dodecil-di-(aminoetil)-glicina (Tego 51®) fue comprada a T.H.Goldsmidt (A.G. Essen, Alemania). Agar tripteína soja (TSA) y caldo tripteína soja (TSB) se adquirieron de Laboratorios Britania (Buenos Aires, Argentina). Tween 80 fue comprado a Riedel-de-Haën (A.G Seelze, Hannover, Alemania) y el Cloruro de 2,3,5-Trifeniltetrazolium (TTZ) a Merck (Darmstadt, Alemania). Todos los demás reactivos utilizados poseían grado analítico.

Los microorganismos utilizados fueron: *Pseudomonas aeruginosa* (ATCC #9027), *Escherichia coli* (ATCC #8739), *Staphylococcus aureus* (ATCC #6538), *Salmonella typhi* (CCM A29-68), *Listeria innocua* (CIP 8011) y *Listeria monocytogenes* (NCTC 7973). Todos ellos fueron provistos amablemente por la Colección de Cultivos Microbianos de la Facultad de Farmacia y Bioquímica (CCM A29) - Universidad de Buenos Aires. *Salmonella cholerasuiss* (Co 34) fue cedida por ANLIS-Malbrán, Buenos Aires, Argentina y *Escherichia coli* O157:H7 fue obtenida por aislamiento a partir de carne picada contaminada. Para realizar los ensayos, los microorganismos fueron incubados en tubos de TSA en estría por 24 h a 35ºC.

Obtención del recubrimiento antimicrobiano

Se preparó un sol mediante el sonicado (sonicador Transonic 540, trabajando a 35 kHz) de una mezcla de 3,8 ml de TEOS y 1,2 ml de HCl 0,05 M por 30 min a 20ºC. El sol se adicionó a 15 ml de una solución de etanol conteniendo 3,75 ml de HCl 0,05 M y diferentes concentraciones de Tego 51. Las concentraciones de antimicrobiano variaron entre 0% y 2% (concentración final). La última mezcla constituyó la solución de recubrimiento. Se preparó a su vez una solución de recubrimiento sin el sol de TEOS, conteniendo 4,95 ml de HCl 0,04 M, 0,3 ml de Tego (para una concentración final de 1,5%) en 20 ml de solución etanólica. Esta se utilizó para evaluar la adsorción de Tego a las superficies de vidrio y su eficacia antimicrobiana.

Los recubrimientos se realizaron sobre portaobjetos de vidrio (75 mm x 25 mm) como soporte mecánico. Estos fueron previamente limpiados con acetona y etanol y secados a temperatura ambiente. Luego se procedió a la inmersión vertical de los portaobjetos (15 seg) en las correspondientes soluciones de recubrimiento. Todos los recubrimientos fueron secados a temperatura ambiente, generando el xerogel, y envejecidos a 60ºC por una noche. Posteriormente se limpió la superficie recubierta con papel absorbente hasta que el recubrimiento fuera traslucido.

Los experimentos se realizaron sobre 4 tipos de superficies:

1-Recubrimientos de TEOS con diferente porcentaje de antimicrobiano, llamados X% Tego-TEOS.

2-Recubrimientos de TEOS sin antimicrobiano, llamados 0% Tego-TEOS.

3-Recubrimiento de Tego en etanol sin TEOS, llamados 1,5% Tego-etanol.

4-Portaobjetos no recubiertos.

Caracterización Físico-Química de los recubrimientos

Espectroscopía UV-Visible

Los espectros de absorción en el rango UV-Visible (200-800 nm) para portaobjetos no recubiertos y para recubrimientos 0% Tego-TEOS y 1,5% Tego-TEOS se realizaron por interposición de los mismos en el paso óptico de un espectrofotómetro (Cecil CE 3021, Cambridge, Inglaterra).

Espectroscopía de infrarrojo

Se realizaron dos tipos de experimentos para la caracterización por Espectroscopía de Infrarrojo de los recubrimientos. El primer experimento consistió en interponer los portaobjetos recubiertos en el paso óptico de un Espectrómetro de Infrarrojo con Transformada de Fourier (FT-IR) (Bruker, IFS 25), en cuyo caso se adquirió información en el rango de 4000 a 2000 cm^{-1}. En otro experimento se obtuvo el espectro de absorción al infrarrojo de los recubrimientos en el rango 4000 a 800 cm^{-1} por medio del uso del accesorio de Reflectancia Total Atenuada (Perkin Elmer, Spectrum One IR) con placa plana de ZnSe (45º). Este último experimento permitió la obtención de información sin la interferencia del vidrio por debajo de los 2000 cm^{-1}.

Previamente a estos ensayos todos los recubrimientos fueron secados 24 h a 60ºC para evitar bandas asociadas a agua (O-H).

Microscopía de Fuerza Atómica

Las imágenes topográficas de los recubrimientos se obtuvieron con un Microscopio de Fuerza Atómica (AFM) NanoScope IIIa (Digital Instruments microscope, Santa Barbara, EEUU). Las imágenes se tomaron en el modo de contacto intermitente (tapping) usando un cantilever de silicio bajo flujo de N_2. El procesamiento de las imágenes se realizó utilizando el programa WSxM 4.0 Develop 8.5 Scanning Probe Microscopy Software (Nanotec Electronics, España). Este programa es gratuito y puede descargarse desde http://www.nanotec.es. Previo a la toma de imágenes, los recubrimientos no fueron limpiados para evitar la ablación de la superficie y la adición o generación de artefactos.

2

Caracterización Funcional de los recubrimientos

Ensayos de actividad antimicrobiana

-Ensayo de eficacia antimicrobiana de superficie

El ensayo de actividad antibacteriana se realizó adaptando las metodologías propuestas para el análisis de superficies antimicrobianas por organismos internacionales como la American Association of Textile Chemist and Colorist y la Japanese Industrial Standard (Anonymous, 1998b; Anonymous, 1998a; Anonymous, 2001).

En los test de eficacia antimicrobiana las superficies fueron expuestas a 0,4 ml de una suspensión microbiana con una concentración entre 1×10^5 y $1{,}5 \times 10^7$ ufc/ml. Las suspensiones se prepararon en caldo TSB (diluido 1:500 en agua estéril) a partir de cultivos de 24 h de cada bacteria realizados en tubos con TSA estriados.

Una vez inoculadas, las superficies se cubrieron con Parafilm® (rectángulo de iguales dimensiones a un portaobjeto) para dispersar los inóculos en una fina película que tuviera contacto con toda la superficie, al mismo tiempo que se evita la evaporación del solvente de la suspensión. Luego se incubaron 24 h a 35ºC con humedad relativa no menor a 90%.

Seis portaobjetos recubiertos con el polímero pero sin el agente antimicrobiano (0% Tego-TEOS sol) se incubaron con la suspensión microbiana. Tres de los cuales se usaron para el conteo de viables inmediatamente luego de la inoculación, y así conocer el número inicial de microorganismos inoculados; los tres restantes se utilizaron para el conteo de viables luego de la incubación de 24 h.

En todas las determinaciones con cada recubrimiento conteniendo el antimicrobiano (X% Tego-TEOS), tres portaobjetos de cada concentración fueron inoculados y utilizados para el conteo de viables luego de 24 h.

El test de eficacia se realizó con tres microorganismos enfrentándolos a recubrimientos X% Tego-TEOS con un rango de concentración de Tego entre 0% y 2%. Estos microganismos fueron *Escherichia coli*, *Staphylococcus aureus* y

Pseudomonas aeruginosa. El test fue ensayado también sobre los patógenos alimentarios *Salmonella typhi, Salmonella choleraesuiss, Listeria innocua, Listeria monocytogenes* y *Escherichia coli* O157:H7. Estos microorganismos solo fueron enfrentados a recubrimientos 1,5% Tego-TEOS y los correspondientes controles (0% Tego-TEOS).

El test también fue realizado sobre portaobjetos recubiertos con Tego disuelto en etanol sin TEOS (1,5% Tego-etanol) para evaluar la acción residual del desinfectante adsorbido al material de vidrio.

Previamente a los ensayos mencionados se limpió la superficie recubierta con papel absorbente para la eliminación de todo residuo lábil del polímero antes de la inoculación.

Los conteos microbianos se realizaron lavando las superficies con 10 ml de una solución de antagonista (3% Tween 80; 0,85% NaCl) en un contenedor estéril. La solución recuperada fue sujeta a diluciones seriadas al décimo para optimizar el recuento en placa (TSA, incubación de 48 h a 35ºC).

La eficacia antimicrobiana se calculó usando dos parámetros diferentes: la reducción porcentual de viables (*d*) y el valor de actividad antimicrobiana (R). *d* se calculó de la relación de viables entre los inóculos expuestos a recubrimientos del tipo 0% Tego-TEOS y X% Tego-TEOS, luego de la incubación de 24 h.

R se calculó según las normas Japonesas JIS Z 2801:2000 (Anonymous, 2001), de acuerdo a:

$$R = \log (B/C)$$

donde B es la media del número de viables expuestos a recubrimientos 0% Tego-TEOS (24 h incubación) y C es la media del número de viables expuestos a recubrimientos X%Tego-TEOS (24 h incubación).

-Inhibición directa en placa

La actividad antimicrobiana fue ensayada a su vez frente a: portaobjetos sin recubrir; recubiertos con 1,5% Tego-etanol; y 1,5% Tego-TEOS sobre placas con TSA. Todas estas previamente inoculadas en superficie con 0,1 ml de una suspensión de 1 x 10^6 ufc/ml de *E. coli*. Al medio TSA se le adicionó 70 mg/l de cloruro de trifeniltetrazolium (TTZ) (concentración final) como indicador de actividad biológica. Luego las placas fueron incubadas durante 24 h a 35°C. La inhibición del crecimiento se evaluó visualmente. Los recubrimientos fueron limpiados con papel absorbente, para emular condiciones de limpieza diaria de una superficie, antes de la exposición a las placas de agar.

Liberación del antimicrobiano

El ensayo de liberación se realizó siguiendo el protocolo del ensayo de eficacia antimicrobiana, en este caso remplazando la solución de inoculación por solución fisiológica estéril. Los recubrimientos 1,5%Tego-TEOS fueron incubados por distintos períodos de tiempo desde 2 h hasta 48 h.

Para la determinación de Tego se utilizó un equipo de Electroforesis Capilar Quanta 4000 Capillary Electrophoresis System (Waters, Milford, MA, USA). Se empleó una columna capilar de diámetro interno de 50 µm y 37 cm de largo hasta el detector (45 cm totales). El electrolito soporte utilizado fue una microemulsión conteniendo: solución tamponada : SDS : butanol : n-heptano (89,28:3,31:6,61:0,80) %p/p (Watarai, 1997; Sun y Yeh, 2005). La solución tamponada fue 10 mM $Na_2B_4O_7$ pH 9,0. Las corridas electroforéticas se realizaron por inyección hidrostática (10 seg) a un voltaje constante de +20kV, con detección a 185 nm.

Resultados y Discusión

Caracterización Físico-Química

Características ópticas

El proceso de recubrimiento llevó a la obtención de una película homogénea sobre la superficie de los portaobjetos. El envejecimiento y los excesos de mezcla polimérica dejaron residuos fácilmente removibles por la acción de papel absorbente. Luego de esta limpieza todos los recubrimientos X% Tego-TEOS, menos el 2% Tego-TEOS, mostraron superficies completamente traslúcidas, difícilmente distinguibles de un vidrio no recubierto. Los recubrimientos 2% Tego-TEOS, incluso luego de la limpieza, exhibieron superficies opalescentes. Cuando concentraciones de Tego mayores al 2% fueron ensayadas (concentración final en la solución de recubrimiento), la gelificación se produjo inmediatamente después del mezclado de los componentes. Esto impidió el proceso de recubrimiento. En este caso se obtuvieron geles heterogéneos.

Numerosos investigadores han encontrado evidencias sobre la influencia de los aminoácidos y otros compuestos orgánicos en el proceso de gelificación de precursores de óxido de silicio (Coradin y Livage, 2001). Cabe recordar que el Tego 51® es un compuesto zwitteriónico con propiedades anfolíticas y un residuo de glicina en un extremo. En base a esto pueden plantearse dos justificaciones a la interferencia en la polimerización por parte de concentraciones de Tego mayores al 2%. Primero, es probable que por sobre cierta concentración se modifique el pH de la solución de recubrimiento y se interfiera con la polimerización, catalizándola. Segundo la composición electrolítica que conforma la doble capa eléctrica puede verse afectada por la propiedad zwitteriónica del tego. De esta forma ambos efectos podrían actuar en conjunto para dar un gel coloidal y heterogéneo.

Los recubrimientos 1,5% Tego-etanol (sin la matriz de óxido de silicio) también mostraron opalescencia antes del limpiado con papel absorbente. En estos la adsorción de Tego sobre el vidrio llevó a películas con aspecto oleoso fácilmente removidas por la acción del papel.

<u>Espectroscopía UV-Visible</u>

Tanto los superficies 0% Tego-TEOS como las 1,5% Tego-TEOS mostraron el mismo espectro de absorción que los vidrios no recubiertos. En el rango de 400 a 800 nm (espectro visible) ninguno observó absorbancia. Este resultado concuerda con el aspecto transparente al ojo humano de los recubrimientos. En el rango de 200 a 400 nm (espectro UV) todos mostraron la interferencia típica de de la absorbancia o dispersión producida por los materiales de vidrio, lo que se observó como saturación de la señal.

Espectroscopía de infrarrojo

En la figura 2 se muestran los espectros de FT-IR de los recubrimientos 0% y 1% Tego-TEOS realizados por interposición de las superficies en el paso óptico. Las bandas a 2980 y 2880 cm^{-1} corresponden a estiramientos C-H saturados asimétricos y simétricos respectivamente (Weast y Astle, 1981). Estas bandas estaban presentes en todos los espectros de recubrimientos conteniendo el antimicrobiano (X% Tego-TEOS). En los espectros de recubrimientos 0% Tego-TEOS estas bandas fueron menos intensas. Estas indicarían la presencia de restos etilo del TEOS por una hidrólisis incompleta, presuponiendo la evaporación del etanol durante el envejecimiento y secado a 60ºC. Los productos de la hidrólisis ácida del TEOS son etanol y ácido silícico, cuando ésta es completa. Sin embargo esta reacción tiene un rendimiento y la disminución de este rendimiento se expresa como un remanente de moléculas de alcoxi silano con hidrólisis incompleta en las que de uno a tres restos etoxi no se hidrolizarían, manteniéndose unidos al núcleo de silicio de la misma. Así sería de esperar que luego de la hidrólisis, el $Si(OH)_4$ sea el producto mayoritario, y los minoritarios $SiOH(OEt)_3$, $Si(OH)_2(OEt)_2$ y $Si(OH)_3OEt$. De esta manera el incremento de las bandas a 2980 y 2880 cm^{-1}, en los espectros de recubrimientos con X% Tego-TEOS, demostraría la presencia de los restos alquílicos de la dodecil-di(aminoetil)-glicina. Estas bandas también se encuentran presentes en el espectro de recubrimientos 1,5% Tego-etanol sin limpiar con papel adsorbente (figura 3). En el espectro de 1,5% Tego-etanol luego del proceso de limpieza estas bandas disminuyen su intensidad drásticamente. Se demostraría así la importancia del recubrimiento con TEOS, teniendo en cuenta que todos los espectros de X% Tego-TEOS están realizados luego de la limpieza y las bandas permanecen presentes.

2

El accesorio de ATR acoplado al FT-IR permitió obtener el espectro de infrarrojo de los recubrimientos en el rango 4000 a 800 cm^{-1}. Esto no es posible interponiendo los portaobjetos en el paso óptico del FT-IR debido a la absorción propia del vidrio en el rango de 2000 a 400 cm^{-1}. El accesorio ATR permite un muestreo superficial por lo que solo se obtendrá el espectro del recubrimiento hasta una profundidad característica al material analizado.

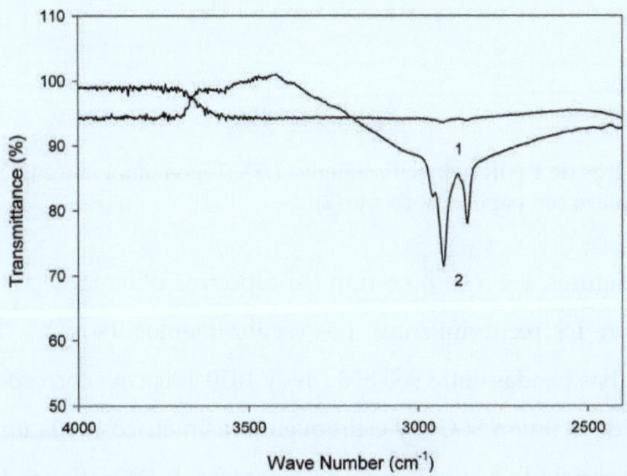

Figura 2: Espectros de FT-IR de los recubrimientos 0% Tego-TEOS *(1)* y 1% Tego-TEOS *(2)*. Las bandas a 2980 y 2880 cm^{-1} corresponden a estiramientos C-H del esqueleto carbonado del antimicrobiano. Los recubrimientos fueron limpiados previamente.

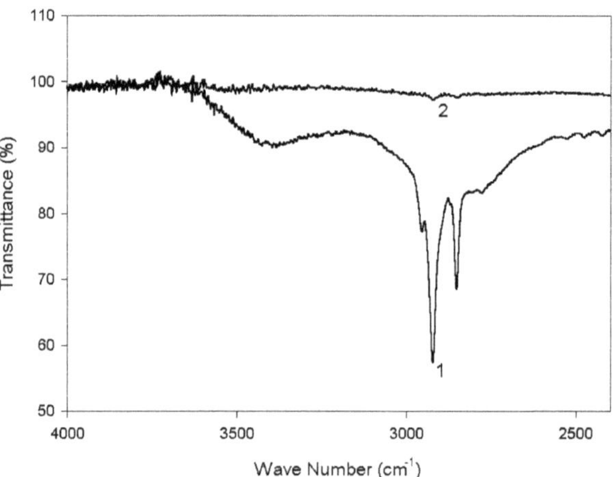

Figura 3: Espectros de FT-IR del recubrimiento 1,5% Tego-etanol antes (1) y luego del proceso de limpieza con papel adsorbente (2).

En las figuras 4 y 5 se muestran los espectros obtenidos por ATR-FTIR realizados sobre los recubrimientos. Los recubrimientos 0% y X% Tego-TEOS mostraron anchas bandas entre 900-850 cm^{-1} y 1050-1000cm^{-1} correspondientes a estiramientos de la unión Si-OH y estiramientos asimétricos de la unión Si-O-Si respectivamente debido a la presencia del polímero de SiO_2 (figura 4) (Muroya, 1999; Nakagawa y Soga, 1999).

La figura 5 muestra en los espectros de 0% y 1,5% Tego-TEOS las ya mencionadas bandas a 2920 y 2850 cm^{-1}, correspondientes a C-H saturados asimétricos y simétricos respectivamente. En esta figura también se observan las bandas a 1630 cm^{-1} (estiramiento simétrico C=O de ácidos carboxílicos), 1460 cm^{-1} (carboxilo ionizado zwitteriónico) y la banda ancha entre 3300-3250cm^{-1} posiblemente por estiramiento N-H, HO-H o SiO-H (Weast y Astle, 1981; Kawashita, *et al.*, 2003; Nablo, *et al.*, 2005). Estas bandas indican la presencia de grupos químicos, todos presentes en la estructura del antimicrobiano y la matriz polimérica.

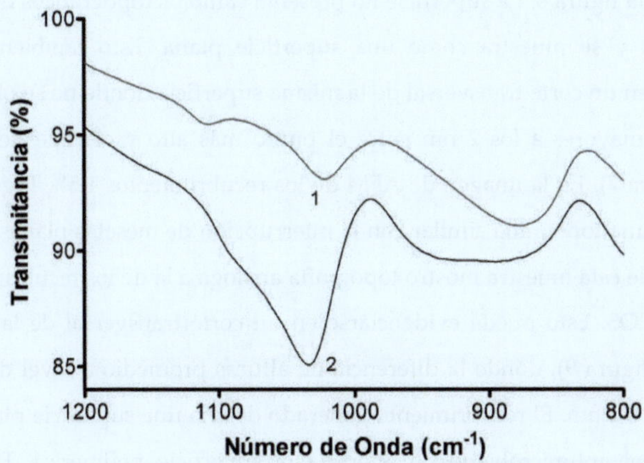

Figura 4: Espectros de ATR-FTIR entre 1200 y 800 cm^{-1} de los recubrimientos 0% Tego-TEOS *(1)* y 1,5 % Tego-TEOS *(2)*. Las bandas a 900-850 cm^{-1} y 1050-1000 cm^{-1} corresponden a estiramientos de la unión Si-OH y Si-O-Si respectivamente.

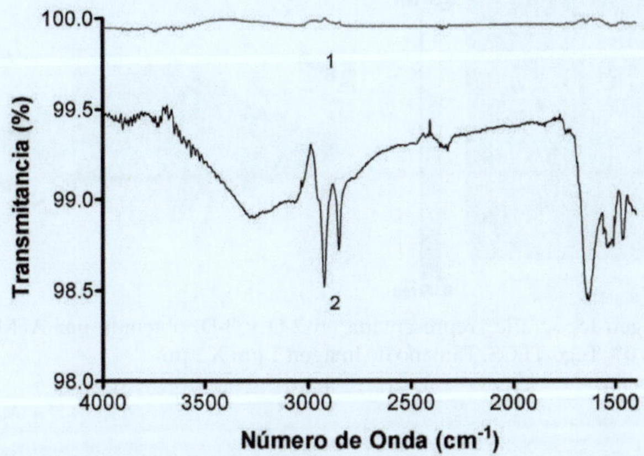

Figura 5: Espectros de ATR-FTIR entre 4000 y 1400 cm^{-1} de los recubrimientos 0% Tego-TEOS *(1)* y 1,5 % Tego-TEOS *(2)*. Las bandas a 2920, 2850,
1630, 1460 y 3300–3250 cm^{-1} que se observan en *(2)* corresponden a la estructura del antimicrobiano.

Microscopía de Fuerza Atómica

Para el análisis topográfico de las superficies se utilizó microscopía de fuerza atómica (AFM). La topografía de recubrimientos 0% Tego-TEOS se muestra en la figura 6. La superficie no presenta cambios topográficos de altura importantes y se muestra como una superficie plana. Esto también puede observarse en un corte transversal de la misma superficie donde no se observan diferencias mayores a los 2 nm entre el punto más alto y el valle de menor altura (figura 7). En la imagen de AFM de los recubrimientos 1,5% Tego-TEOS se observó una topografía similar con la interrupción de mesetas planas (figura 8). El valle de esta muestra mostró topografía análoga a la de los recubrimientos 0% Tego-TEOS. Esto puede evidenciarse en un corte transversal de la misma superficie (figura 9), donde la diferencia de alturas promedio a nivel del valle no supera los 2 nm. El recubrimiento generado dejaría una superficie plana y la presencia del antimicrobiano no alteraría la superficie polimérica. Esto fue considerado una ventaja ya que la adición de rugosidades llevaría a un incremento en la adhesión de microoganismos.

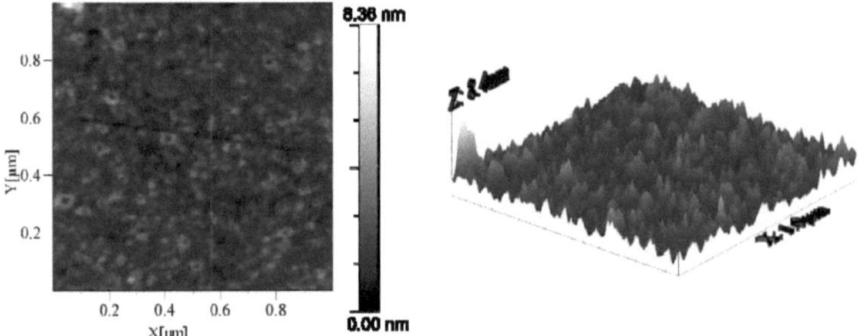

Figura 6: Imagen topográfica representada en 2-D y 3-D, obtenida por AFM, de un recubrimiento 0% Tego-TEOS. Tamaño de imagen 1 µm X 1 µm.

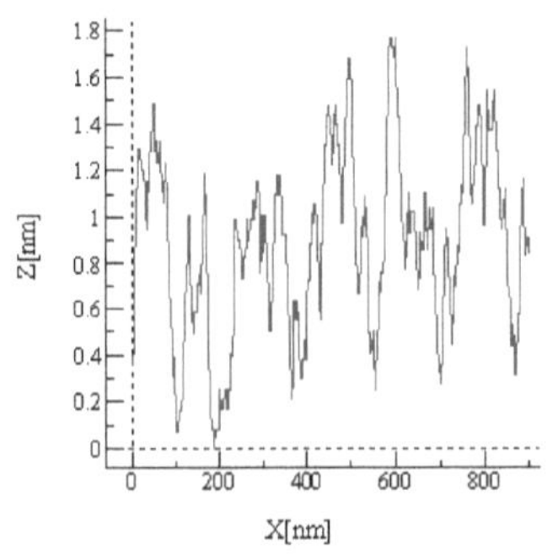

Figura 7: Sección transversal de la imagen topográfica obtenida por AFM de un recubrimiento 0% Tego-TEOS.

2

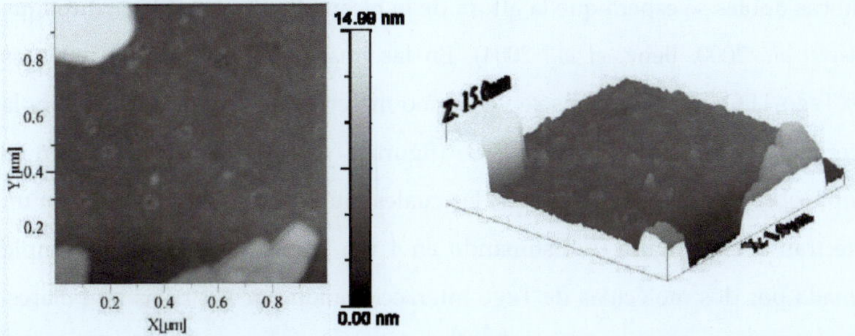

Figura 8: Imagen topográfica representada en 2-D y 3-D, obtenida por AFM, de un recubrimiento 1,5% Tego-TEOS. Tamaño de imagen 1 µm X 1 µm.

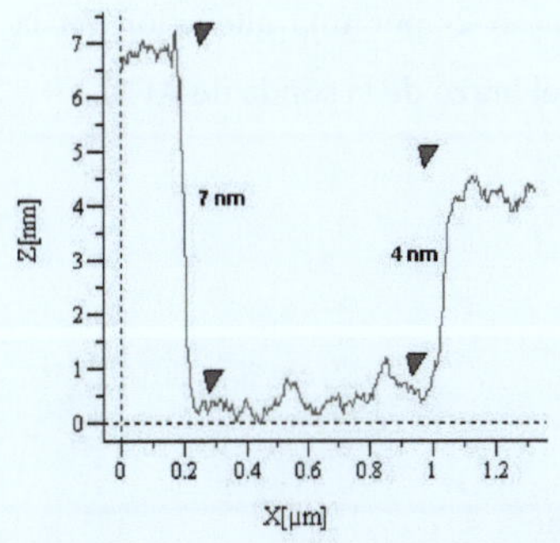

Figura 9: Sección transversal de la imagen topográfica obtenida por AFM de un recubrimiento 1,5% Tego-TEOS.

El acondicionamiento de las muestras a analizarse por AFM no permite que la superficie sea limpiada ya que esto podría percudir la superficie o adicionar artefactos. Por esto las imágenes de los recubrimientos 1,5% Tego-TEOS muestran mesetas planas. Estas mesetas estarían formadas por bicapas del antimicrobiano que fue expulsado de la matriz polimérica durante el envejecimiento del xerogel o la etapa de secado. Las moléculas capaces de formar micelas o vesículas en solución forman bicapas lipídicas cuando el solvente en el cual están disueltas es evaporado (McKiernan, *et al.*, 2000). Los restos no polares de moléculas de detergentes, como el Tego, interaccionan en el interior de la bicapa y las cabezas polares interaccionan en la superficie de la misma. Dependiendo del largo de la cadena no polar del detergente la altura de esta bicapa puede rondar desde 2 a 7 nm de altura. De formarse bicapas lipídicas dobles se espera que la altura de la bicapa lipídica simple se duplique (Jass, *et al.*, 2000; Benz, *et al.*, 2004). En las imágenes de los recubrimientos 1,5%Tego-TEOS, estas bicapas se ven como mesetas de 4 nm de altura sobre la superficie plana de la matriz de SiO_2 (figura 8 y 9). En la misma imagen es posible observar mesetas más altas, las cuales muestran un alto de 7 nm en un corte transversal (figura 9). Estimando en 4 nm la altura de la bicapa simple formada por dos moléculas de Tego interaccionando por sus colas no polares, podría esperarse que una bicapa lipídica doble tenga una altura de 8 nm. Sin embargo estas mesetas tienen una altura medida de 7 nm. Esta diferencia estaría dada por dos razones posibles: 1- la ubicación a un mismo nivel de las cabezas polares de las dos bicapas contiguas, o 2- por una alteración en la meseta producida por la presión aplicada por el brazo de la sonda de AFM.

Caracterización Funcional

Ensayos de actividad antimicrobiana

-Ensayo de eficacia antimicrobiana de superficie

Las metodologías de análisis de actividad antimicrobiana de superficie propuestas por organismos internacionales (American Association of Textile Chemists and Colorists y la Japanese Industrial Standard) consideran a una superficie como "eficaz" cuando logra la reducción de 2 unidades logarítmicas en la diferencia de recuentos de viables entre la superficie modificada y la no modificada (Anonymous, 1998b; Anonymous, 1998a; Anonymous, 2001). Esto se expresaría matemáticamente como un $R>2$ o un $d>99\%$. Siguiendo este criterio los resultados del test de eficacia antimicrobiana mostraron que los recubrimientos 1,5%Tego-TEOS son eficientes en su acción contra *E. coli, S. aureus* y *P. aeruginosa,* como puede observarse en la tabla 1. La eficacia antimicrobiana contra *E. coli* y *P. aeruginosa* se alcanza para concentraciones de Tego menores (1%). Este ensayo logró evidenciar a su vez, que el recubrimientos de TEOS por si solo (0%Tego-TEOS) no posee actividad antimicrobiana.

Aunque en medio líquido los desinfectantes de la familia del Tego no son selectivos en su acción contra Gram negativos o positivos (Block, 1983; D'Aquino y Rezk, 1995), la eficacia antimicrobiana de los recubrimientos se alcanzó con menores concentraciones de Tego para los Gram negativos *E. coli* y *P. aeruginosa*. La eficacia para el Gram positivo *S. aureus* se logró a una concentración de 1,5%. Esto sugeriría que la interacción de los microorganismos el antimicrobiano inmovilizado a generado una respuesta específica por parte de los Gram positivos y de los Gram negativos. Esta diferencia se debería a un cambio en el comportamiento del antimicrobiano por estar inmovilizado o a la matriz de óxido de silicio generada a tal fin.

Cuando el recubrimiento ensayado fue el 1,5%Tego-etanol, no se observó inhibición del crecimiento microbiano, de hecho se detectó un aumento del número de viables luego de la incubación de 24 h (tabla 1). Al igual que con todos los otros recubrimientos, el ensayo sobre portaobjetos tratados con 1,5% Tego-etanol fue realizado luego de la limpieza con papel adsorbente. Se presume que en esta limpieza un porcentaje importante de la masa de Tego fue removido de la superficie. Aunque los desinfectantes de la familia del Tego poseen la propiedad de adsorberse sobre diferentes superficies (Domagk, 1935), esta adsorción no es lo suficientemente intensa para dejar un residuo persistente del antimicrobiano. La ausencia de actividad antimicrobiana mostraría la importancia de la inclusión del Tego en la matriz de SiO_2 para prevenir su remoción luego de la limpieza cotidiana de una superficie, y de esta manera prolongar su actividad antimicrobiana en el tiempo.

Tabla 1 Ensayo de eficacia antimicrobiana frente a diferentes concentraciones de antimicrobiano

Solución de recubrimiento		*Escherichia coli*		*Pseudomonas aeruginosa*		*Staphylococcus aureus*	
Tego (%)	TEOS Sol	ufc[b] (24 h)	*d*[c] (%)	ufc (24 h)	*d* (%)	ufc (24 h)	*d* (%)
0	+	$3{,}1 \times 10^6$	-	$5{,}0 \times 10^6$	-	$2{,}2 \times 10^6$	-
0,1	+	$2{,}1 \times 10^6$	32,258	NE[a]	NE	$2{,}1 \times 10^6$	4,545
0,5	+	$3{,}6 \times 10^4$	98,839	$1{,}3 \times 10^5$	97,400	$4{,}0 \times 10^5$	81,818
1	+	<10	>99,999	50	99,999	$1{,}2 \times 10^5$	94,545
1,5	+	<10	>99,999	<10	>99,999	$1{,}1 \times 10^4$	99,500
2	+	<10	>99,999	<10	>99,999	70	99,997
1,5	-	$2{,}2 \times 10^6$	29,032	NE	NE	NE	NE

[a]NE: no ensayado; [b]ufc es la media de tres recuentos de ufc en placa; [c]Reducción porcentual de viables calculada de la relación de viables entre los inóculos expuestos a recubrimientos del tipo 0% Tego-TEOS y X% Tego-TEOS, luego de la incubación de 24 h. Los inóculos iniciales fueron 1,3X106 ufc para *E. coli*, 4,6 x 105 ufc para *P. aeruginosa* y 1,4 x 106 ufc para *S. aureus*.

2

De los resultados anteriores surgieron las condiciones óptimas de inmovilización del antimicrobiano en una superficie de vidrio mediada por el proceso sol-gel. Así mismo se demostró que los microorganismos reconocen diferente sensibilidad frente al recubrimiento antimicrobiano, consecuencia de la composición química de las membranas celulares. Por esto se consideró necesario llevar a cabo estudios que evalúen la eficacia del recubrimiento frente a un grupo de patógenos más amplio. El espectro de microorganismos seleccionado para esta segunda etapa de ensayo incluyó a microorganismos del grupo de los patógenos alimentarios, típicos contaminantes de alimentos en los ámbitos industriales, de servicios y hogareños.

El ensayo de eficacia antimicrobiana fue testeado contra diversos patógenos comúnmente encontrados en alimentos. La reducción porcentual de viables, para microoganismos expuestos a 1,5%Tego-TEOS, aumentó desde 99,5%, para los microorganismos Gram positivos, hasta 99,999%, para la mayoría de los Gram negativos, como se muestra en la tabla 2. Estos resultados concordarían con la mayor susceptibilidad de los Gram negativos antes mencionada, ya que se observó una mayor reducción porcentual de viables general para los Gram negativos que para los Gram positivos.

Tabla 2. Ensayo de eficacia antimicrobiana frente a diferentes patógenos alimentarios

Microorganism	ufc[a] (0 h)	ufc (24 h)		*d*[b] (%)	R[c]
		Tego (%)			
		0	1,5		
E. coli	$1,3x10^6$	$3,1x10^6$	<10	>99,999	>5,49
E. coli O157:H7	$2,8x10^5$	$2,0x10^7$	$1,5x10^3$	99,992	4,12
S. cholerasuiss	$1,3x10^6$	$3,0x10^7$	55	>99,999	5,74
S. typhi	$9,7x10^5$	$4,3x10^6$	$5,6x10^2$	99,987	3,88
L. monocytogenes	$1,3x10^7$	$9,9x10^6$	$1,9x10^3$	99,981	3,72
L. innocua	$1,1x10^6$	$3,4x10^6$	$2,8x10^3$	99,917	3,08
S. aureus	$1,4x10^6$	$2,2x10^6$	$1,1x10^4$	99,500	2,30

[a]ufc es la media de tres recuentos de ufc en placa; [b] Reducción porcentual de viables calculada de la relación de viables entre los inóculos expuestos a recubrimientos del tipo 0% Tego-TEOS y X% Tego-TEOS, luego de la incubación de 24 h; [c]Valor de actividad antimicrobiana.

-Inhibición directa en placa

En la figura 10 puede observarse los resultados de la exposición directa de tres tipos de superficies (1,5% Tego-etanol, 0% Tego-TEOS y 1,5% Tego-TEOS), todas previamente limpiadas con papel absorbente. Estas superficies se expusieron a placas con TSA a las cuales se agregó TTZ como indicador biológico. En estas placas se observa el crecimiento de un cultivo de *E. coli*, el cual toma color rojo por oxidación de TTZ. En las figuras 10a y 10b se observan crecimiento bacteriano (color rojo) bajo las superficies 1,5% Tego-etanol y 0% Tego-TEOS respectivamente. Este crecimiento indica la falta de inhibición por parte de la superficie, lo que contrasta con resultado mostrado en la figura 10c, donde el recubrimiento 1,5% Tego-TEOS muestra inhibición del crecimiento microbiano en el área expuesta al portaobjetos modificado. De la figura 10c puede concluirse también, que el recubrimiento es eficaz solo en el área que está inmediatamente en contacto con este, y que no existe difusión significativa de Tego que produzca inhibición del crecimiento lejos de la superficie del mismo.

Esto induciría a pensar que el antimicrobiano actúa en las inmediaciones del polímero y no se difunde masivamente al medio que lo circunda.

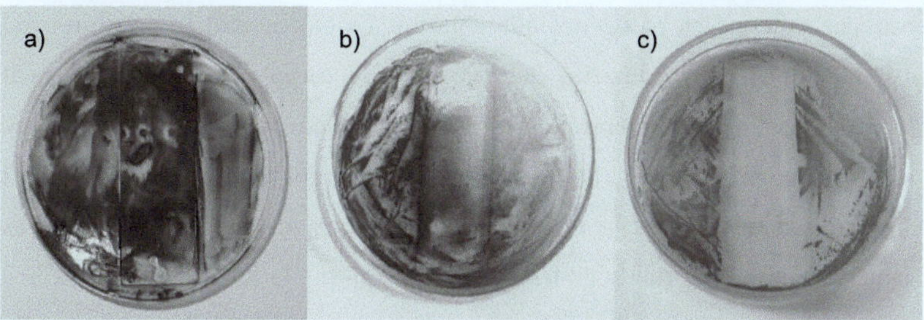

Figura 10: Fotografías de placas de agar inoculadas con *E. coli*, expuestas a diferentes recubrimientos: a) 0% Tego-TEOS, b) 1,5% Tego-TEOS y c) 1,5% Tego-etanol. TTZ fue adicionado como indicador de actividad biológica. Las áreas rojas indican crecimiento microbiano. Todos los recubrimientos fueron limpiados antes del ensayo.

<u>Liberación del antimicrobiano</u>

Luego de la incubación de los recubrimientos 1,5%Tego-TEOS durante 48 h, no fue posible detectar la presencia de Tego en los eluidos. Siendo 24 h el tiempo de incubación de los ensayos de eficacia antimicrobiana de superficie, estos resultados indicarían que durante el tiempo de exposición los microorganismos no estuvieron expuestos a una concentración de Tego mayor a 100 mg/l (límite de detección de la técnica utilizada). Esto puede deberse a la baja solubilidad del desinfectante en agua.

Si bien estos resultados no permitirían afirmar que la elusión del antimicrobiano se da por niveles inferiores a la concentración inhibitoria mínima (CIM) de la mayoría de los microorganismos testeados (10 mg/l), permitirían explicar la falta de un halo de inhibición en el ensayo de inhibición directa en placa.

Para saber si el efecto antimicrobiano se produce en solución por una liberación del mismo en niveles cercanos a la CIM de cada microorganismo, o si se produce por contacto del microorganismo con la superficie, se necesitaría disponer de una técnica cuantitativa de mayor sensibilidad que la empleada.

Conclusiones

Los recubrimientos obtenidos demostraron poseer actividad antimicrobiana contra ocho bacterias, tanto Gram negativas como Gram positivas, potenciales patógenos alimentarios. La efectividad fue comprobada en condiciones extraordinarias dada la elevada carga microbiana a la cual fueron expuestos los recubrimientos (>1 x 10^5 ufc/ml). Esto implicaría que inóculos menores, como los residuos microbianos usuales, podrían ser eliminados, o su proliferación inhibida, en tiempos menores a 24 h. Esto es particularmente importante en las situaciones en que la formación de biofilms es habitual ya que los recubrimientos podrían atrasar la formación y desarrollo de estos.

El recubrimiento no afecta las propiedades de percepción óptica del vidrio por ser transparente y plano. Esto junto con la posibilidad realizar los recubrimientos sobre diversos tipos de materiales, los hace atractivos para su implementación sobre ventanas, botellas, cerámicas, diverso instrumental hospitalario, mesadas de procesamiento de alimentos u otras superficies de ámbitos tanto hospitalario, alimenticio como farmacéutico donde ser requiera el control de la proliferación microbiana.

La elección del Tego como antimicrobiano es por un lado una ventaja, ya que difunde poco en agua lo que evita su elusión de la matriz polimérica con una limpieza simple y así su acción se prolonga en el tiempo. Esto también se vería favorecido por la estabilidad química y mecánica de los polímeros de SiO_2 que protegen al agente inmovilizado en su entramado (Desimone, *et al.*, 2006). Por otra parte, cuando concentraciones mayores al 2% de Tego o actividades específicas son necesarias para obtener acción antimicrobiana se deberá recurrir a otros agentes, lo cual no revestiría dificultad alguna dada la versatilidad de este tipo de encapsulamiento.

La metodología de recubrimiento desarrollada a partir de los componentes mencionados, no necesita pasos de activación de la superficie a tratar, ni el uso de agentes cáusticos o tóxicos, lo que facilita su aplicación in-situ.

CAPÍTULO 3

REMEDIACIÓN Y RECUPERACIÓN DE METALES PESADOS UTILIZANDO BIOSORBENTES. SILICATO-QUITOSANO

3

Remediación y Recuperación de metales pesados utilizando Biosorbentes. Silicato-Quitosano

Prefacio

La síntesis de materiales utilizando la química Sol-gel permite la inmovilización de aditivos de diversos tipos. Cuando el inmovilizando, iones, moléculas, polímeros, etc, es agregado en baja proporción puede conferir una funcionalidad particular a la matriz de SiO_2. Cuando el porcentaje de dicho inmovilizando es suficiente para que la matriz adquiera características de ambos componentes el material obtenido es un híbrido (Kickelbick, 2007).

La literatura científica es vasta en el campo de la creación de híbridos que combinan SiO_2 con polímeros inorgánicos, orgánicos sintéticos y bioorgánicos. Pueden mencionarse compósitos de alúmino-silicatos o TiO_2-SiO_2 dentro de los inorgánicos (Boddu, *et al.*, 2003; Wang y Bierwagen, 2008). Por otra parte, orgánicos sintéticos como polivinil alcohol o polioles fueron inmovilizados también en matrices de óxido de silicio (Bottcher, *et al.*, 2004; Chernev, *et al.*, 2006; Tsai y Doong, 2007). La combinación de polímeros biológicos y SiO_2 se encuentra en auge en la actualidad y tiene aplicaciones tanto en medicina, farmacia, bioquímica como en química analítica. Estos desarrollos incluyen la generación de híbridos utilizando proteínas, gelatina, colágeno (Rezwan, *et al.*, 2006), polisacáridos, como carragenanos, ciclodextrinas, quitosano, etc (Cestari, *et al.*, 2005; Shchipunov, *et al.*, 2005b).

Actualmente el desarrollo de sorbentes para contaminantes se esta volcando hacia el estudio de polímeros naturales o sintéticos de bajo costo. Los polímeros reconocen afinidad hacía familias de compuestos, ya sea por sus reactividades químicas o por la geometría de la distribución de grupos reactivos. Dentro de los de tipo natural puede mencionarse el uso de quitosano, quitina, alginato, celulosa (Bailey, *et al.*, 1999; Crisafully, *et al.*, 2008; Jonker, 2008). Dentro de los de origen sintético o derivados de los naturales se puede mencionar xantatos de celulosa o almidón, polioxietilenos, poliglicerol (Crini, 2005; Allabashi, *et al.*, 2007; Chiu, *et al.*, 2007). Los sorbentes de tipo natural o los derivados de estos son conocidos como biosorbentes.

En este capítulo se discutirá sobre el desarrollo y estudio de un recubrimiento hecho a base de un material híbrido, logrado a partir de SiO_2 y un polisacárido, el quitosano. El propósito del siguiente estudio fue el de comprender los fundamentos de la interacción entre los dos polímeros mientras se genera sobre una superficie un biosorbente híbrido funcional.

El quitosano fue elegido debido a su capacidad de quelar metales. Se buscó conferir la propiedad de retener los metales a la superficie a ser recubierta. El quitosano (β-(1→4)-2-amino-2-deoxi-D-glucosa) es un polímero catiónico hidrofílico producto de la desacetilación de la quitina (β-(1→4)-2-acetoamido-2-deoxi-D-glucosa). Su estructura se muestra en la figura 1. La quitina es un polisacárido que se extrae del caparazón de los camarones, cangrejos y hongos entre otros (Crini, 2005). La producción del quitosano es poco costosa ya que es un producto derivado de desechos de la industria alimenticia. Aunque la desacetilación de la quitina que lleva al quitosano no es completa permite que este contenga en su estructura un alto número de grupos amino libres. Es aceptado que estos grupos son los responsables de interaccionar con metales, quelándolos (Muzzarelli, 1983). Así, luego del desarrollo del método de obtención del híbrido, y su caracterización fisicoquímica, se procedió a la evaluación de su capacidad de remoción de metales pesados de un medio acuoso.

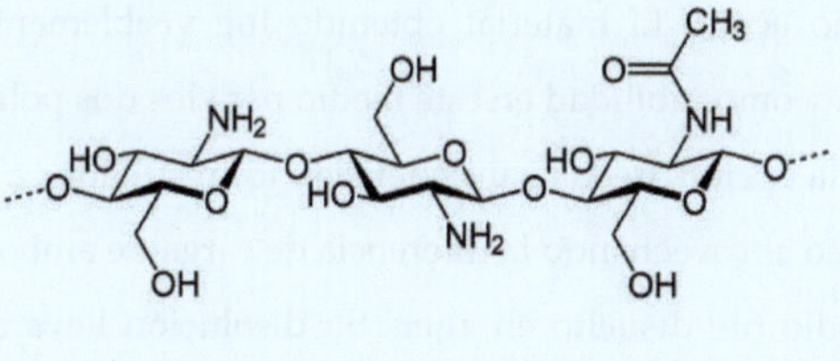

Figura 1: Estructura química del quitosano (β-(1→4)-2-amino-2-deoxi-D-glucosa).

Existen dos ventajas principales derivadas de la inmovilización de un biosorbente como el quitosano en una superficie. Por un lado su dispersión a lo largo de una superficie permitiría una interacción completa del polisacárido con los metales, ya que este se encontraría desplegado. Esto marcaría una diferencia con la conformación más estudiada para la aplicación, en forma de copos, donde el quitosano esta precipitado (Evans, *et al.*, 2002; Cervera, *et al.*, 2003). Por otra parte el desarrollo de un recubrimiento puede ser aplicado en materiales con geometrías diversas y brinda un soporte mecánico para ser aplicado y removido fácilmente de su medio de acción.

En lo que se refiere a la inmovilización del quitosano en el SiO_2, en una primera instancia las interacciones entre SiO_2 y polisacáridos fueron tomadas en cuenta. Estas interacciones son conocidas tanto en la naturaleza, por ejemplo en plantas, como en la química (Schwarz, 1973; Bond y McAuliffe, 2003). Se ha descripto el uso de precursores poliméricos, como el tetrakis(2-hidroxietil) ortosilicato, para lograr la gelificación de polisicáridos no gelificables (Shchipunov, *et al.*, 2005a); incluso algunos autores han sugerido la formación de uniones covalentes por medio de un puente Si-O-C que comunica ambas cadenas (Tshabalala, *et al.*, 2003; Rashidova, *et al.*, 2004).

El uso de alcóxidos de silicio como precursores produce la precipitación del polisacárido, por la generación de alcoholes en su hidrólisis, lo que provoca su insolubilidad. La ruta acuosa de síntesis es la óptima para estos híbridos en particular. Por esto el precursor elegido fue el silicato de sodio. Como primera opción se estudió la cogelificación, con resultados negativos ya que el elevado pH del silicato de sodio producía una violenta precipitación del quitosano, solo soluble en medio ácido. El material obtenido fue visiblemente heterogéneo, evidenciándose incompatibilidad en este medio para los dos polímeros.

La segunda opción, de la cual se detallan los resultados a lo largo de este capítulo, se diseñó aprovechando la diferencia de carga de ambos componentes. El silicato de sodio fue disuelto en agua. Su disolución lleva a la suspensión coloidal a pH alcalino, suficiente para mantener la repulsión de las partículas y monómeros. Llevando la solución de silicato de sodio a pH 5 se disminuyó la repulsión y se logró la activación de los monómeros para la etapa de gelificación. Los soportes, portaobjetos de vidrio, se sumergieron en dicha solución para generar una primera capa. Este procedimiento se explica detalladamente en el capítulo 1. Una vez secada la primera capa de xerogel, esta fue recubierta con una película de quitosano disuelto en medio ácido. Al estar la solución pH>2, punto de carga cero del SiO_2, existen silanoles desprotonados en forma de silanóxidos con carga negativa. En estas condiciones se esperaba que estos interaccionaran con los aminos protonados del quitosano. La capa de quitosano fue secada y el proceso de cobertura se repitió según el caso, como se detalla en la sección materiales y métodos.

Una vez generados los recubrimientos, estos se caracterizaron fisicoquímicamente y funcionalmente. Para la caracterización funcional se los expuso a metales pesados de reconocida toxicidad, como el Cd(II), Cr(III) y el Cr(VI). Todos los cuales son cancerígenos y pueden encontrarse en masas de agua, cuya contaminación reconoce un origen antropogénico (Berman, 1980a; Berman, 1980b; Tsalev, 1995).

Materiales y métodos

Reactivos

Quitosano fue comprado a Fluka (Israel). Silicato de Sodio y $CrCl_3$ fueron comprados a Riedel-de-Haën (Seelze, Alemania) y Cloruro de Cadmio a Merck (Darmstadt, Germany). Cromato de Potasio y K_2HPO_4 se adquirieron de Anedra (Bs. As., Argentina). El HNO_3 utilizado fue J.T.Baker (NJ, EEUU) calidad para análisis de trazas de metales pesados. Todos los demás reactivos utilizados poseían grado analítico.

Obtención de los recubrimientos biosorbentes

Los recubrimientos se realizaron sobre portaobjetos de vidrio (75 mm x 25 mm) como soporte mecánico de ensayo. Estos fueron limpiados con acetona y etanol, luego secados a temperatura ambiente.

Se generaron cinco recubrimientos diferentes mediante la inmersión secuencial de los portaobjetos en soluciones conteniendo: quitosano 4% p/v (0,25 g en 5 ml de agua y 1,5 ml de HCl 1 M) y/o silicato de sodio 4% p/v (0,17 g/ml). Los cinco tipos de recubrimientos generados fueron nombrados de acuerdo a la secuencia de inmersión en las soluciones mencionadas: Silicato (S), Silicato-Quitosano (SQ), Silicato-Quitosano-Silicato (SQS), Silicato-Quitosano-Silicato-Quitosano-Silicato (SQSQS) y Quitosano (Q).

En los recubrimientos S, SQ, SQS y SQSQS, la primera capa de silicato se aplicó sumergiendo los portaobjetos en una solución conteniendo silicato de sodio 4% p/v, KH_2PO_4 0,2 M pH 5, agua y HCl 1M en relación 2:4:1:1, donde se permitió la reacción de interacción durante 5 min a 25°C. Luego se secaron a 25°C. En los recubrimientos SQS y SQSQS las siguientes capas de silicato se aplicaron con una incubación de 30 seg.

Las capas de quitosano correspondientes a cada recubrimiento se obtuvieron aplicando 200 µl de quitosano 4% p/v sobre la superficie del portaobjetos. Luego estos se secaron a 60°C. Los recubrimientos Q fueron generados mediante este único paso.

Antes de los ensayos todos los recubrimientos fueron secados y envejecidos a 37°C por 48h. Posteriormente fueron lavados en agua ultrapura por 2 h.

3

Caracterización Físico-Química de los recubrimientos

Determinación de quitosano

Con la finalidad de determinar y así poder comparar la cantidad de quitosano retenida en la matriz de SiO_2, los portaobjetos se incubaron 15 min a 25ºC en una solución 0,1% p/v de Eritrosina B (Paranhos y da Silva, 2004). Luego se lavaron 3 veces con agua destilada, se secaron a 25ºC y posteriormente fueron sumergidos en NaOH 0,1M 30 min para la elusión del colorante. La Eritrosina eluida se midió espectrofotométricamente a 526 nm (Espectrofotómetro UV-Vis, Cecil CE 3021, Cambridge, Inglaterra).

El mismo procedimiento se aplicó sobre recubrimientos incubados por 2h en HNO_3 5% v/v, para evaluar la pérdida de quitosano en el paso de elusión del metal. Cada experimento se realizó por duplicado en las mismas condiciones experimentales.

Microscopía de Barrido Electrónico y Espectroscopía de Energía Dispersiva por Rayos X

Las muestras fueron analizadas usando un microscopio de barrido electrónico (SEM) Phillips 505 para la obtención de imágenes en escala micrométrica y el análisis elemental se realizó mediante un Analizador EDAX (Espectroscopía de Energía Dispersiva por Rayos X-EDS). Previo a las imágenes se realizó un recubrimiento de 20 nm de oro para lograr que la superficie a analizar sea conductora.

Espectroscopía de infrarrojo

Se obtuvo el espectro de absorción al infrarrojo de los recubrimientos en el rango 4000 a 650 cm^{-1} por medio del uso del accesorio de Reflectancia Total Atenuada (Perkin Elmer, Spectrum One IR) con placa plana de ZnSe (45º). Previamente a estos ensayos todos los recubrimientos fueron secados 24 h a 60ºC para evitar bandas asociadas a agua (O-H).

3

Caracterización Funcional de los recubrimientos

Ensayos de Cinética, Adsorción y Recuperación

Los ensayos se realizaron exponiendo a las superficies a 0,5 ml de una solución de 1- Cd(II), 2- Cr(III) o 3- Cr(VI). Luego estas se cubrieron con Parafilm® (rectángulo de iguales dimensiones a un portaobjeto) para dispersar las soluciones en una fina película que tuviera contacto uniforme en toda la superficie, al mismo tiempo que se evita la evaporación. Las incubaciones se realizaron a temperatura ambiente y humedad relativa no menor a 90%. Se comparó la adsorción de los metales a pH 4 y 7, así como el decaimiento de los mismos en la solución en función del tiempo. Los tiempos de equilibrio fueron deducidos de los experimentos y fijados en 8 h de incubación. Las isotermas de adsorción se evaluaron exponiendo los recubrimientos a concentraciones de metales que fueron desde 0,002 a 50 mmol/l. En estas condiciones se verificó la ausencia de precipitación. Antes de la determinación cuantitativa de los metales las soluciones fueron centrifugadas 20.000*g* por 5 min. Para cada ensayo se realizaron controles utilizando vidrios sin recubrir.

Los ensayos de recuperación se llevaron a cabo siguiendo el mismo procedimiento de los ensayos de cinética y adsorción, pero con el agregado de un paso de desorción de metales. Los recubrimientos previamente ensayados para la adsorción se incubaron con una solución de HNO_3 5% v/v por 8 h. Todos los experimentos y medidas fueron realizados por duplicado en las mismas condiciones.

Espectrometría de Absorción Atómica

Las determinaciones de metales pesados se realizaron utilizando un Espectrofotómetro de Absorción Atómica Buck Scientific VGP 210 (E. Norwalk, CT, EEUU), por el método de atomización electrotérmica, usando tubos de grafito con cubierta pirolítica. Como fuente de radiación se utilizaron las lámparas de cátodo hueco correspondientes para cada metal en las líneas de emisión recomendadas. Para las determinaciones de Cd(II) se utilizó como modificador de matriz una solución tamponada de K_2HPO_4 10 mM pH 8 en la que se diluyeron las muestras previo a cada inyección. El volumen de inyección fue de 20 µl y cada determinación se realizó por triplicado.

Resultados y Discusión

Caracterización Físico-Química

Determinación de quitosano

Todos los recubrimientos que contenían quitosano como componente de la matriz (Q, SQ, SQS y SQSQS) mostraron opalescencia, mientras que los que solo poseían una capa de silicato (S) fueron traslucidos. En la figura 2 se muestra la cantidad relativa de quitosano en cada recubrimiento luego del lavado de 2 h en agua ultrapura. Solo los recubrimientos en los que el silicato cubría al quitosano en una última capa fueron capaces de retener al polisacárido en el soporte. La cantidad relativa de quitosano en los SQSQS (100%) duplicó el contenido de los SQS (52,5%), como se esperaba. Aunque los Q, SQ y SQS se prepararon con la misma cantidad de quitosano se evidenció una pérdida importante del mismo luego del lavado en los Q y los SQ, los cuales mostraron un contenido inferior al de los SQS, siendo de 3% y 14,4% respectivamente.

3

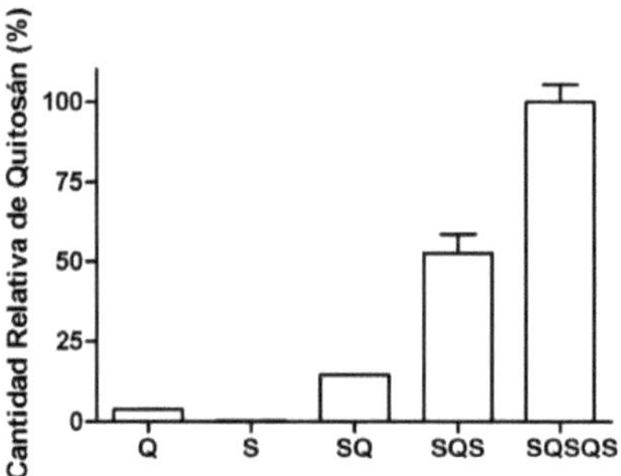

Figura 2: Cantidades relativas de quitosano en los recubrimientos luego del lavado de 2 h en agua ultrapura.

Microscopía de Barrido Electrónico y Espectroscopía de Energía Dispersiva por Rayos X

La figura 3 muestra las imágenes de microscopía electrónica de los recubrimientos. Las imágenes de silicato (S) mostraron la disposición característica de las redes de óxido de silicio (figura 3a). Siendo el silicato de sodio un monómero tetrafuncional, su polimerización puede llevar a complejas ramificaciones del polímero (Brinker y Scherer, 1990). Así, las cadenas pueden unirse por entrecruzamientos que dan lugar a una estructura tridimensional. Esto puede verse como cadenas poliméricas dispuestas en películas planas sobre las que se ven elevaciones ramificadas sobre el vidrio (figura 3a).

En la imagen de los recubrimientos SQ las ramificaciones de silicato se ven cubiertas por quitosano (figura 3b). La aplicación de una segunda capa de silicato en los SQS retendría la totalidad de la masa de quitosano depositada. Esto se observa como el llenado de los espacios entre las ramificaciones con el polisacárido, que a su vez estaría recubierto con silicato (figura 3c). Este mismo proceso fue observado en las imágenes de SQSQS donde los espacios entre ramificaciones aparecen aun más cubiertos (figura 3d). También es posible observar cúmulos que probablemente correspondan a aglomerados del polisacárido y SiO_2.

3

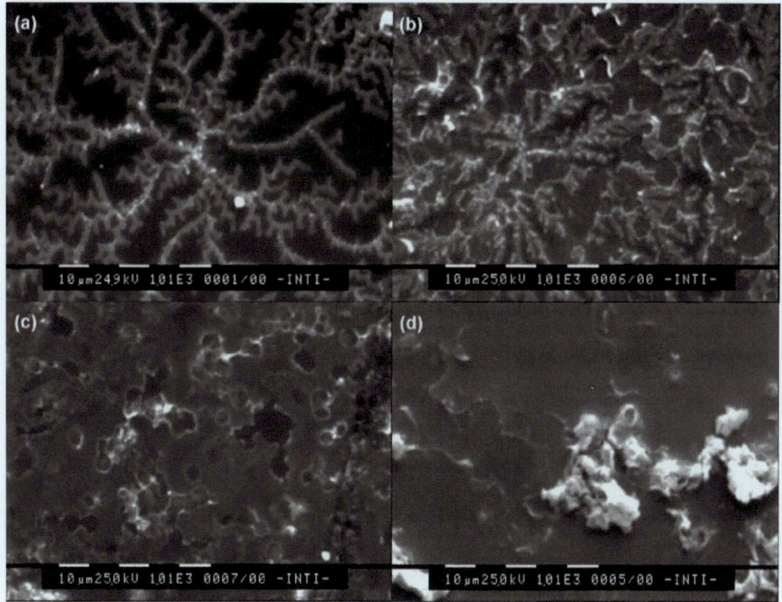

Figura 3: Imágenes de microscopía electrónica para los recubrimientos *(a)* S, *(b)* SQ, *(c)* SQS y *(d)* SQSQS, luego del lavado de 2 h en agua ultrapura.

Los espectros de energía dispersiva por sonda de rayos X donde se muestran las composiciones elementales relativas de los recubrimientos pueden observarse en la figura 4. En concordancia con los resultados de la determinación de la composición de quitosano en los recubrimientos, el análisis por EDS solo mostró presencia de carbono y un aumento del porcentaje de oxígeno en los SQS y SQSQS comparativamente a los S y SQ. Debido al fundamento físico de la técnica de EDS no es posible obtener de manera precisa el porcentaje de C y O en las muestras. Esta técnica carece de precisión en la cuantificación de elementos con número atómico menor al oxígeno. Por otro lado la penetración del haz de electrones depende de la densidad del material muestreado y su espesor. Siendo los recubrimientos de un material que se presume poroso, por lo tanto de baja densidad comparativa, y de un espesor no mayor que el milímetro, el haz de electrones posee una alta penetración y logra introducirse en la muestra hasta las primeras capaz moleculares del vidrio por debajo de los recubrimientos. A la composición del vidrio utilizado como soporte se debería la aparición en los espectros de los picos correspondientes a transiciones de las capas K de sodio, potasio, calcio y magnesio. A esto también se debe el bajo porcentaje de las señales de C y la ausencia de las de N en los espectros de SQS y SQSQS (figura 4).

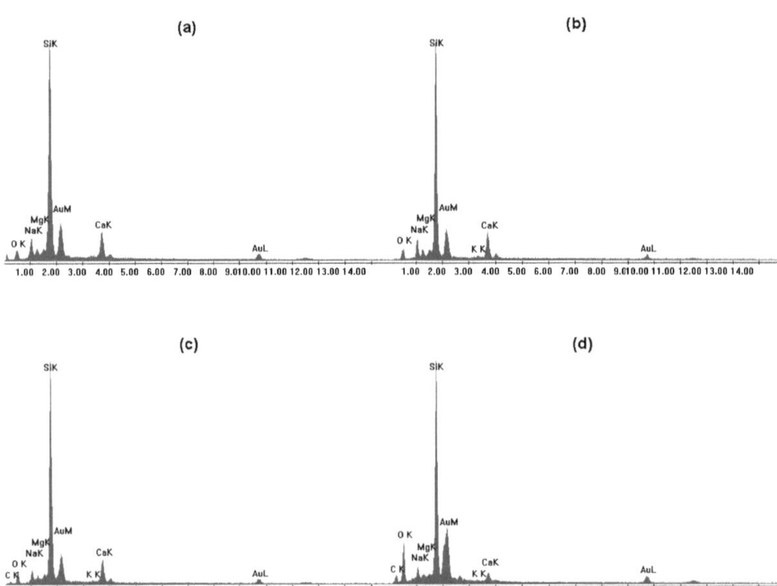

Figura 4: Espectros de energía dispersiva para los recubrimientos *(a)* S, *(b)* SQ, *(c)* SQS y *(d)* SQSQS, luego del lavado de 2 h en agua ultrapura.

<u>Espectroscopía de infrarrojo</u>

Los espectros de ATR-IR de los recubrimientos luego del lavado de 2 h en agua ultrapura y el espectro de un recubrimiento de quitosano sin lavado se muestran en la figura 5. El espectro de los S muestra las bandas anchas características de SiO_2 a 750 cm^{-1}, 880 cm^{-1} y 1030 cm^{-1} correspondientes a estiramientos simétricos de la unión Si-O-Si, Si-OH y asimétricos Si-O-Si respectivamente, corroborando la presencia del polímero en estos recubrimientos (Nakagawa y Soga, 1999; Rochat, *et al.*, 2003; Orel, *et al.*, 2005).

En los espectros de SQ se observan bandas relacionadas con el SiO_2, las bandas relativas al polisacárido no fueron detectadas probablemente debido a su elusión en el lavado. En los SQS y SQSQS la última capa de silicato inmovilizó al quitosano y pueden verse en sus espectros bandas que están presentes en el espectro de quitosano. Estas bandas no son detectables en el recubrimiento Q luego del lavado (el espectro no se muestra).

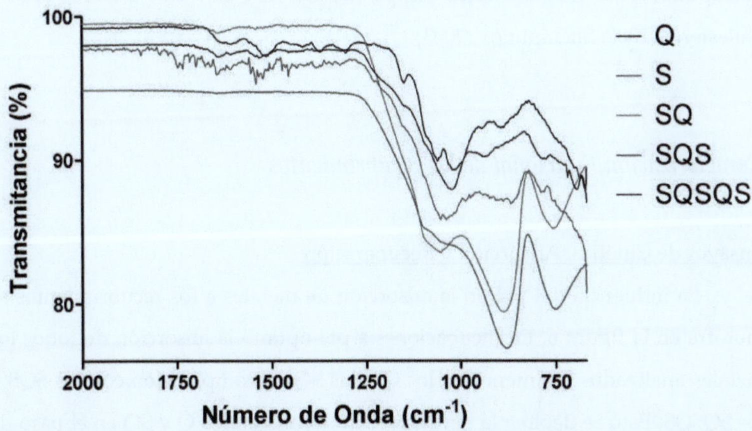

Figura 5: Espectros de ATR-FTIR los recubrimientos S, SQ, SQS, SQSQS, luego del lavado de 2 h en agua ultrapura, y el recubrimiento Q sin lavado previo.

De acuerdo a los resultados de los métodos de caracterización se postula la siguiente teoría sobre la inmovilización del quitosano. La primera capa de silicato estaría interactuando tanto con el soporte de vidrio como, a través de la película de quitosano, con la capa de silicato superior en los SQS. La misma interacción es esperada en el caso de SQSQS. Así, el entramado polimérico generado puede inmovilizar el quitosano físicamente y protegerlo de la exposición a un medio líquido. Podría plantearse la existencia de interacciones entre el SiO_2 y el polisacárido de tipo electrostático, fuerzas de van der Waals o puente de hidrógeno, que no serían capaces de retener la totalidad de la masa de quitosano en la superficie sin existir una última capa de silicato. Por esto cuando se analiza los SQ sólo un remanente de quitosano (28,8% de la masa depositada) pudo ser detectado en la superficie. Este remanente estaría siendo retenido por las interacciones antes mencionadas. Se ha propuesto como modelo del recubrimiento generado, que el óxido de silicio y el quitosano pueden interaccionar por uniones débiles, pero que la retención del polisacárido estaría dada por la generación de un entramado que entrecruza los dos polímeros. Este modelo concuerda con las propuestas de Gill y Ballesteros y Shchipunov para los materiales compósitos de SiO_2 con biopolímeros (Gill y Ballesteros, 2000; Shchipunov, 2003).

Caracterización Funcional de los recubrimientos

Ensayos de Cinética, Adsorción y Recuperación

La influencia del pH en la adsorción de metales a los recubrimientos se muestra en la figura 6. En incubaciones a pH óptimo la absorción de todos los metales analizados fue menor en los Q y los SQ en comparación con los SQS y los SQSQS. Esto se debió a la pérdida de quitosano en los Q y SQ en el paso de lavado con agua, a diferencia de los otros dos recubrimientos en los cuales este fue retenido en la red polimérica y mantienen la actividad quelante de metales. Esto resalta la importancia de mantener al quitosano confinado entre dos capas de óxido de silicio. La capacidad de adsorción intrínseca de los recubrimientos S se evidenció en estos ensayos, aunque esta adsorción fue mucho menor a la observada en los SQS y SQSQS. Otros investigadores han obtenido resultados similares respecto del Cr(III), donde indican que a pesar de que el número de sitios cargados en la superficie es bajo, por la proximidad al punto de carga cero (pH 2), se evidencia una mayor adsorción (Iler, 1979). Para el caso del Cd(II), la respuesta esperada sería la inversa a la observada, ya que (como se explica en el capítulo 1) el Si_sOH y el H-OH poseen un comportamiento similar como ligandos y las mayores adsorciones de metales se esperarían a una unidad de pH menor que la que da lugar a la precipitación del hidróxido (Schindler, *et al.*, 1976). Si bien en el caso del Cr(VI) también se ha documentado la adsorción de especies aniónicas al grupo silanol, los resultados obtenidos no permiten plantear una tendencia en cuanto a la influencia del pH en la adsorción de estas especies (Maatman y Kramer, 1968).

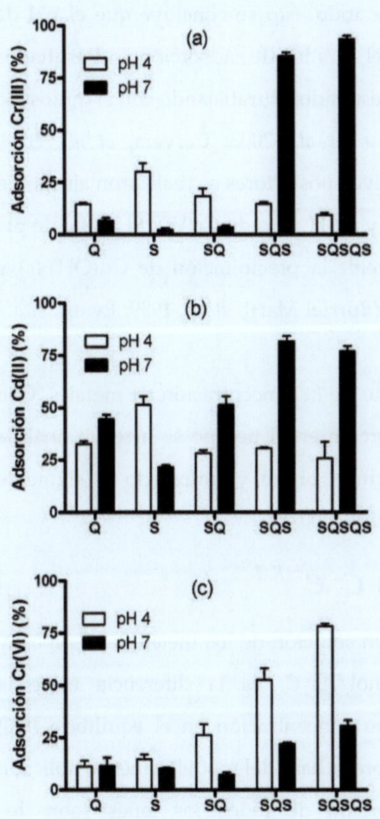

Figura 6: Efecto del pH en la adsorción de *(a)* 0,2 mmol/l Cr(III), *(b)* 0,1 mmol/l Cd(II) y *(c)* 1,0 mmol/l Cr(VI).

Para los SQS y SQSQS se obtuvieron mayores adsorciones de Cd(II) y Cr(III) cuando la incubación se realizó a pH 7. Cuando estos fueron expuestos a Cr(VI) la adsorción fue superior a pH 4. Esta diferencia de comportamiento por parte de los recubrimientos se explicaría por la carga de las especies iónicas y la protonación del grupo amino del quitosano. A pH 4 las especies aniónicas de Cr(VI) ($HCrO_4^-$,$HCr_2O_7^-$,...y $Cr_2O_7^{2-}$) interaccionan electrostáticamente con los aminos protonados de las unidades de glucosamina del quitosano, preferentemente a los desprotonados a pH 7. De la misma manera se explicaría la mayor adsorción por los cationes (Cd(II), Cr(III)) a pH 7, dada la presencia de aminos desprotonados en la estructura glucídica, y la menor adsorción a pH 4, debido a la repulsión electrostática. Por todo esto se concluye que el pH de incubación afecta significativamente el grado de adsorción. Resultados similares fueron obtenidos por otros investigadores trabajando con el quitosano en su forma libre en solución (Boddu, *et al.*, 2003; Cervera, *et al.*, 2003; Minamisawa, *et al.*, 2004). Todos los ensayos posteriores se realizaron ajustando las soluciones de Cd(II) y Cr(III) a pH 7 y a pH 4 las de Cr(VI). El ajuste de pH fue necesario por otra parte para prevenir la precipitación de $Cd(OH)_2(s)$ y $Cr(OH)_3(s)$ a pH 8 y 9 respectivamente (Burriel Martí, *et al.*, 1989; Evans, *et al.*, 2002).

La figura 7 muestra el decaimiento de la concentración de metales. Con la finalidad de analizar la tasa de adsorción en el tiempo se hizo un análisis suponiendo una cinética de pseudo-primer orden y utilizando la siguiente ecuación (ter Laak, *et al.*, 2005; Durjava, *et al.*, 2007):

$$C_t = C_{eq} + C_x.e^{-k.t} \tag{1}$$

donde C_t y C_{eq} son las concentraciones en solución de los metales a tiempo t y en el equilibrio respectivamente (mmol/l), C_x es la diferencia entre la concentración inicial de metal (C_0) y su concentración en el equilibrio (C_{eq}) (mmol/l). Los parámetros calculados sobre la base del modelo cinético aplicado se muestran en la tabla 1. La adsorción de todos los iones sobre los recubrimientos SQSQS alcanzó el equilibrio dentro de las 4 h. Los SQS mostraron tasas de adsorción más lentas, alcanzando el equilibrio en 8 h de incubación. La mayor adsorción de los recubrimientos SQSQS se debería a la mayor cantidad de quitosano en su estructura. Las isotermas de adsorción se analizaron incubando cada ión a pH óptimo durante 8 h a temperatura ambiente.

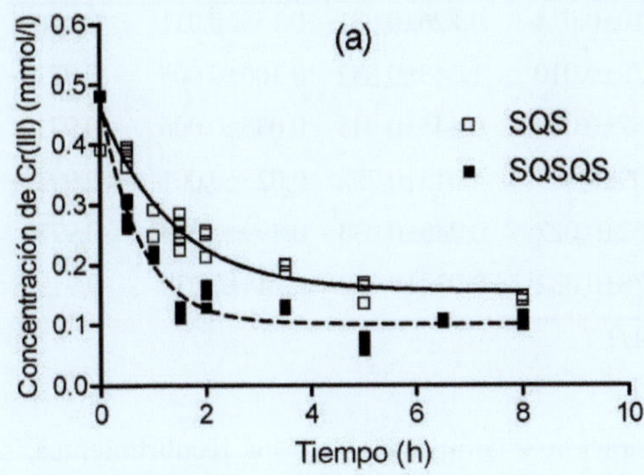

Figura 7: Decaimiento de la concentración de metales en la solución de incubación en el tiempo, para concentraciones de *(a)* 0,5 mmol/l Cr(III), *(b)* 0,2 mmol/l Cd(II) y *(c)* 1,0 mmol/l Cr(VI).

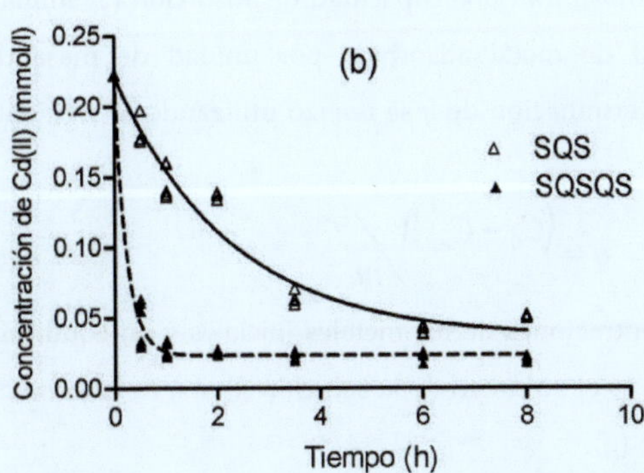

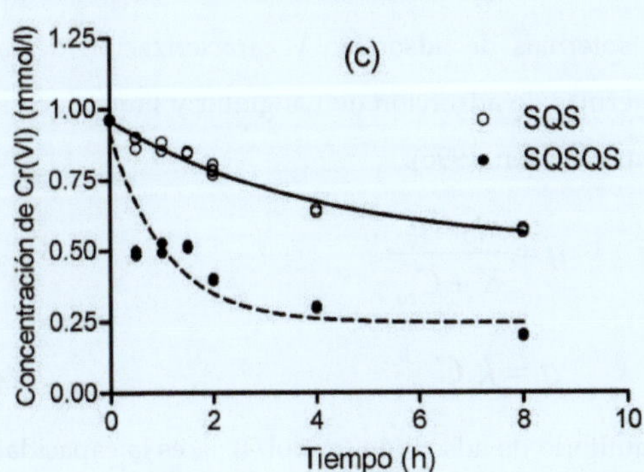

Tabla 1 Parámetros cinéticos para la adsorción de Cd(II), Cr(III) y Cr(VI) sobre los recubrimientos SQS y SQSQS

Metal	Matriz	C_x[a]	k[b]	b[c]	R^2
Cr(III)	SQS	0,310±0,014	0,726±0,081	0,153±0,011	0,946
	SQSQS	0,379±0,010	1,343±0,082	0,100±0,005	0,971
Cd(II)	SQS	0,187±0,006	0,445±0,046	0,035±0,006	0,971
	SQSQS	0,199±0,003	4,315±0,252	0,023±0,001	0,992
Cr(VI)	SQS	0,462±0,027	0,245±0,033	0,499±0,029	0,977
	SQSQS	0,678±0,052	0,932±0,178	0,244±0,036	0,919

[a] C_x, mmol/l; [b] k, h^{-1}; [c] b, mmol/l

Considerando la preparación y composición de los recubrimientos, se esperaría que SQS y SQSQS mostraran una capacidad de adsorción (q) similar, expresada como la cantidad de metal adsorbido por unidad de masa de adsorbente (mmol/g). La determinación de q se realizó utilizando la siguiente ecuación:

$$q = \left(C_0 - C_{eq}\right)V \Big/ m \tag{2}$$

donde C_0 y C_{eq} son las concentraciones de los metales iniciales y en equilibrio respectivamente (mmol/l), V es el volumen de la solución (l) y m es la masa de quitosano en el recubrimiento (g).

Los modelos matemáticos de Langmuir y Freundlich fueron empleados en la interpretación de las isotermas de adsorción y caracterización de las matrices. Los modelos de isotermas de adsorción de Langmuir y Freundlich se expresaron de la siguiente manera (Suen, 1996):

$$q = \frac{q_0 . C_{eq}}{K + C_{eq}} \tag{3}$$

$$q = k . C_{eq}^{\ n} \tag{4}$$

donde K es la constante de equilibrio de adsorción (mmol/l), q_0 es la capacidad de adsorción máxima (mmol/g), y k y n son parámetros arbitrarios. Las dimensiones de k dependen del valor de n. Las isotermas de adsorción de SQS y

SQSQS se muestran en la figura 8, en la que se representa para cada recubrimiento y metal el modelado de Langmuir. Los parámetros obtenidos del ajuste por regresión no lineal de los modelos de Langmuir y Freundlich se agruparon en la tabla 2.

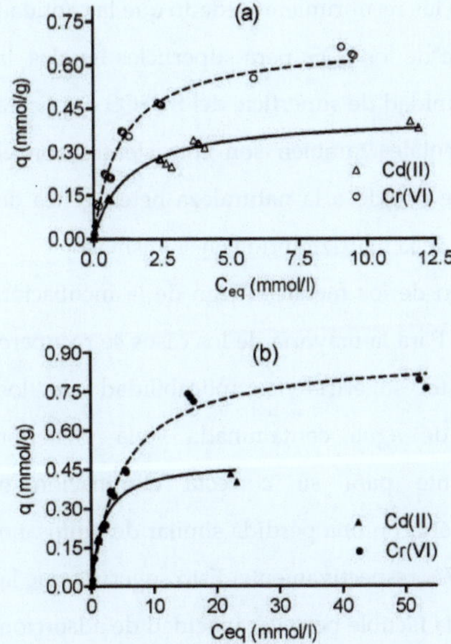

Figura 8: Isotermas de adsorción de Cd(II) y Cr(VI) para los recubrimientos *(a)* SQS y *(b)* SQSQS. Se representa el modelo de Langmuir.

Tabla 2 Parámetros de las isotermas de adsorción de Cd(II) y Cr(VI) sobre recubrimientos SQS y SQSQS

Cd(II) pH 7	Langmuir			Freundlich		
Matriz	*K* (mmol/l)	q_0 (mmol/g)	R^2	*k*	*n*	R^2
SQS	1,47±0,13	0,45±0,01	0,983	1,72±0,17	0,33±0,02	0,934
SQSQS	1,87±0,13	0,46±0,01	0,982	2,07±0,33	0,39±0,03	0,865
Cr(VI) pH 4	**Langmuir**			**Freundlich**		
Matriz	*K* (mmol/l)	q_0 (mmol/g)	R^2	*k*	*n*	R^2
SQS	1,06±0,08	0,68±0,02	0,972	3,48±0,35	0,35±0,02	0,946
SQSQS	5,03±0,37	0,89±0,02	0,984	2,71±0,36	0,37±0,03	0,896

[a] *K*, mmol/l; [b] q_0, mmol/g

Los modelados de las isotermas de adsorción mostraron concordancia con los datos experimentales. Los valores de q_0 obtenidos por el modelo de Langmuir fueron similares para ambas matrices, siendo estos del mismo orden a los del quitosano libre en solución (Reddad, *et al.*, 2002). Este sería el resultado esperado ya que el adsorbente principal de ambas matrices es el mismo. Teniendo en cuenta la composición de los recubrimientos, dado que la cantidad de quitosano en los SQSQS duplica la de los SQS, para superficies iguales, la capacidad de adsorción máxima por unidad de superficie del SQSQS duplicará la del SQS. Los resultados experimentales también son consistentes con el modelo de Freundlich, probablemente debido a la naturaleza heterogénea de los sitios de adsorción del quitosano y de la matriz híbrida en sí misma.

Los porcentajes de recuperación de los metales luego de la incubación con HNO_3 se muestran en la figura 9. Para la mayoría de los casos se recuperó un 80% del metal adsorbido. Esto sugeriría la aplicabilidad de los recubrimientos en la remediación de agua contaminada y la posterior recuperación del metal contaminante para su correcta eliminación o purificación. Los SQS y los SQSQS mostraron una pérdida similar de quitosano luego de la incubación ácida, 43% y 37% respectivamente. Esto sugeriría que la reutilización de los recubrimientos sería factible pero la capacidad de adsorción por unidad de superficie se vería reducida.

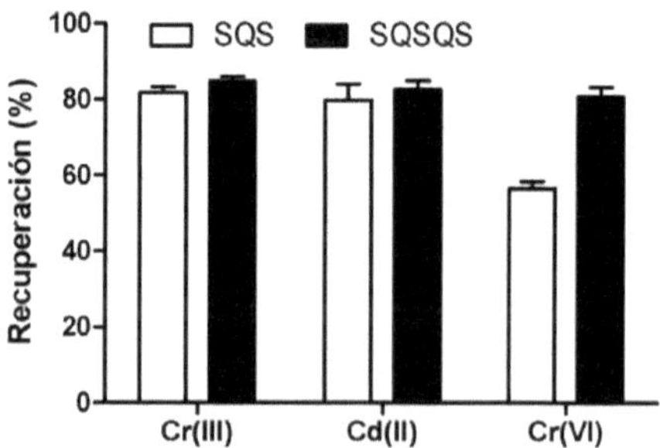

Figura 9: Porcentajes de recuperación de los metales adsorbidos para los recubrimientos SQS y SQSQS luego de incubación ácida con 5% HNO_3.

Conclusiones

El recubrimiento generado permite la retención de un biopolímero en el entramado polimérico de una red de óxido de silicio generado a través de una vía de síntesis acuosa, a partir de silicato de sodio como precursor. La inmovilización por este método brinda al polisacárido un soporte sólido donde es retenido físicamente, sin por esto introducir alteraciones en las propiedades del quitosano, tanto en sus condiciones óptimas de adsorción y su capacidad máxima de adsorción. Esto permite su utilización como biosorbente en un medio acuoso, para luego poder ser removido junto con los metales adsorbidos a este.

El método es simple y el procedimiento solo utiliza material de laboratorio standard. Por otra parte toda la obtención procede en medio acuoso sin la necesidad de solventes orgánicos o precursores tóxicos, lo que es ventajoso a nivel económico y ambiental. Este estudio demuestra la aplicabilidad de estas matrices híbridas en la remoción de metales tóxicos de manera económica y sencilla, lo que sugiere una evaluación de su aplicación en mayor escala.

CAPÍTULO 4

INMOVILIZACIÓN COVALENTE DE ESPECIES BIOLÓGICAS PARA LA OBTENCIÓN DE SUPERFICIES INMUNOREACTIVAS

Inmovilización Covalente de Especies Biológicas para la Obtención de Superficies Inmunoreactivas

Prefacio

Como se ha mencionado previamente en Introducción una de las ventajas de la química sol-gel radica en su compatibilidad con numerosas moléculas, polímeros o incluso células procariotas o eucariotas. Estas compatibilidades se deben fundamentalmente a las propiedades intrínsecas del óxido de silicio, su estabilidad química y mecánica y su inocuidad hacia los sistemas biológicos. Gracias a la inclusión de moléculas o la hibridización de las matrices de SiO_2 utilizando distintos compuestos ha surgido una amplia gama de materiales con variadas funcionalidades.

Existen, en otro ámbito de la química Sol-gel, materiales diseñados a partir de precursores de SiO_2 orgánicamente modificados (OrMoSil). El monómero de tipo OrMoSil es adicionado en un proceso de copolimerización, comúnmente en porcentajes bajos, a un precursor no modificado, como Tetraetoxi silano (TEOS) o silicato de sodio, que establece la estructura mayoritaria. Los OrMoSil poseen en su estructura química grupos orgánicos que amplifican la funcionalidad que se pretende conferir al polímero. Típicamente estos monómeros poseen un núcleo de silicio al que se le adiciona por unión directa una cadena carbonada sustituida con un grupo funcional adecuado. La unión Si-C es irreversible y reviste las características de una unión C-C. Por lo general los otros restos de la molécula de OrMoSil son grupos alcoxi o halogenuro. La estructura más difundida es la de $(EtO)_3Si\text{-}R$, siendo R un grupo que puede variar entre una cadena carbonada con un grupo alquil epóxido, propil amino, propil tiol, etc (Wang y Bierwagen, 2008). Entre los halogenados puede mencionarse el octadecil tricloro silano o dimetil cloro silano, utilizados para agregar características hidrofóbicas a matrices o en fases estacionarias de columnas cromatográficas. La presencia de grupos funcionales en los OrMoSil genera, gracias a su introducción en el entramado polimérico, un gel con un número de grupos funcionales controlado, y de ser necesario en la posición adecuada. Por ejemplo, puede direccionarse la orientación de un grupo amino hacia el interior de un poro del polímero mediante el uso de tensioactivos (Calvo, *et al.*, 2008). La derivatización de dichos grupos permite la inmovilización covalente de un inmovilizando: moléculas, proteínas, células, etc (Livage, *et al.*, 2001). También se ha reportado la inmovilización de anticuerpos, ADN y otras biomoléculas (O'Donnell, *et al.*, 1997; Weiping, *et al.*, 1999; Lee, *et al.*, 2005).

En los siguientes estudios se planteó combinar el uso de un OrMoSil sobre una superficie para obtener la inmovilización covalente de biomoléculas (anticuerpos) o células enteras (parásitos protozoarios) y de esta manera generar superficies inmunoreactivas.

Estos dos objetivos dividen el presente capítulo en dos secciones:

SECCIÓN 1-Inmovilización Covalente de Anticuerpos para la detección de Bacterias Patógenas.

SECCIÓN 2-Inmovilización Covalente de Parásitos protozoarios para la detección de Anticuerpos.

De los resultados experimentales obtenidos en la Sección 1 surge el propósito de la Sección 2. Habiendo generado en la Sección 1 una estrategia de inmovilización de biomoléculas a los recubrimientos de SiO_2, en la Sección 2 se busca la optimización de la interacción del recubrimiento con un sistema biológico para subsanar los inconvenientes típicos de estos sistemas. Así, la segunda sección intenta resolver los problemas planteados en la primera mediante una estrategia distinta, para lograr los objetivos propuestos.

En ambas secciones se utilizó un esquema de recubrimiento común, el cual solo varía en la especie a inmovilizar. Para ello se eligió como componente mayoritario del polímero al TEOS, cuya hidrólisis libera los restos etilo de la molécula como etanol, un solvente volátil. Luego de aplicar TEOS hidrolizado sobre un soporte la evaporación del etanol favorece la polimerización por condensación, lo que es importante en la generación de un xerogel compacto sobre una superficie. El OrMoSil elegido fue el aminopropil trietoxi silano (APTES), el cual, como su nombre lo indica, posee un grupo amino libre capaz de ser derivatizado. El TEOS una vez hidrolizado es activo para la polimerización si se mezcla con APTES, lo que lleva, sobre una superficie de vidrio, a una fina película con gran cantidad de grupos aminos libres. La figura 1 muestra un esquema de la copolimerización de ambos precursores. La unión de las especies biológicas requirió de un mordiente bidentado. El utilizado fue el glutaraldehído, capaz de formar bases de Schiff (imina) tanto con el grupo amino del APTES como con un grupo amino libre de una lisina expuesta en una proteína. El esquema de la unión del anticuerpo o protozoo a la superficie del xerogel se muestra en la figura 2.

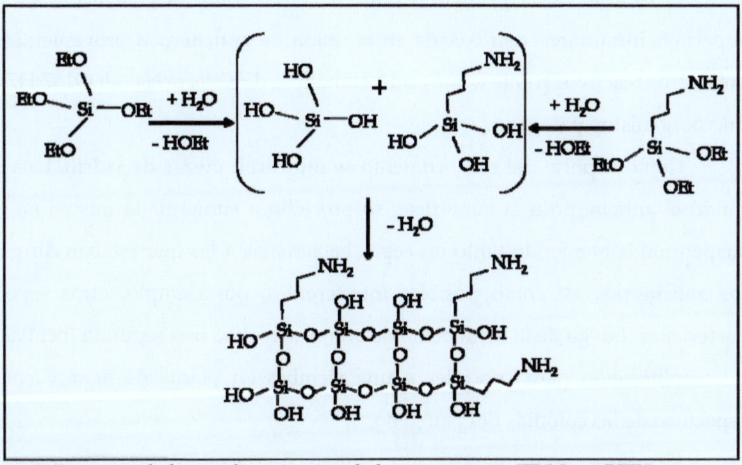

Figura 1: Esquema de la copolimerización de los precursores TEOS y APTES.

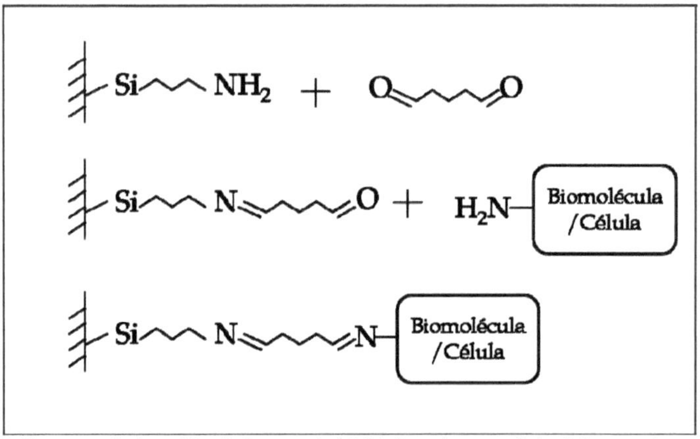

Figura 2: Esquema de la unión de la especie biológica a la superficie del xerogel.

El estudio de la primera sección se volcó sobre la generación de una superficie inmunoreactiva basada en la unión de anticuerpos provenientes de antisueros reactivos frente a antígenos somáticos de *Escherichia coli* O157:H7, un microorganismo patógeno.

Como soporte del recubrimiento se utilizaron piezas de vidrio. Una vez unido el anticuerpo a la superficie, se procedió a sumergir la misma en una suspensión conteniendo tanto las cepas bacterianas a las que estaban dirigidos los anticuerpos así como posibles interferentes, por ejemplo, otras especies bacterianas. Luego de la incubación de unión se realizó una segunda incubación de amplificación para proceder a una siembra en placas de agar y conteo específico de las colonias del patógeno.

El proceso antes mencionado requiere de un mínimo de 72 h para una lectura de conteo específico de colonias del patógeno. Una alternativa planteada fue la de incorporar las superficies inmunoreactivas en un sistema de flujo continuo que permitiese retener, eliminar interferentes y detectar por espectrofotometría al patógeno al momento de elución. Esta hipótesis fue analizada y su implementación fue propuesta sobre un instrumento de electroforesis capilar, en el que la superficie inmunoreactiva estuviera ubicada en la cara interior de una columna capilar.

El recubrimiento de una porción de 3 cm del inicio de una columna permitiría obtener una zona de preconcentración. El recubrimiento se aplicó de manera que las paredes de la columna quedaran recubiertas para luego ser derivatizadas con anticuerpos anti-*E. coli* O157:H7, generando inmunoreactividad de superficie. Suspensiones con dicho patógeno se incubaron dentro de la columna y luego se procedió al lavado de las mismas. La corrida electroforética consistió en la elusión de las bacterias con un pequeño volumen de glicina pH 3, la que permite la disociación de la interacción Ag-Ac, y una posterior corrida con solución tamponada para la detección de las bacterias (Harlow y Lane, 1988).

La segunda sección describe la unión de epimastigotes de *Trypanosoma cruzi* y promastigotes de *Leishmania guyanensis* a los recubrimientos. Los parásitos así unidos se utilizaron como improntas para Inmunofluorescencia Indirecta (IFI) o Inmunoperoxidasa (IPO).

Las técnicas más utilizadas de inmovilización de parásitos para la generación de improntas para IFI o IPO son la fijación por calor y por solvente. Ambas técnicas son agresivas para los epitopes en la superficie de la célula a fijar porque puede producir su desnaturalización. Las ventajas de la inmovilización covalente de parásitos por el método Sol-gel fueron comparadas con las técnicas tradicionales. Principalmente se postulaba una mejor conservación de los epitopes de los parásitos durante el proceso de fijación y almacenaje.

4

SECCIÓN 1

Inmovilización Covalente de Anticuerpos para la detección de Bacterias Patógenas

Materiales y métodos

Reactivos

Tetraetoxi silano (TEOS) fue comprado a Fluka (Buchs, Suiza). 3-aminopropil trietoxi silano (APTES) se adquirió de Sigma-Aldrich (Steinheim, Alemania). El glutaraldehído utilizado fue Mallinckrodt Baker (Phillipsburg, NJ, EEUU). Agar tripteína soja (TSA) y caldo tripteína soja (TSB) se adquirieron de Laboratorios Britania (Buenos Aires, Argentina). Inmunoglobulinas polivalentes dirigidas contra antígenos totales de *Escherichia coli* O157:H7 provienen de suero de conejo y fueron cedidas por ANLIS-Malbrán, Buenos Aires, Argentina. Todos los demás reactivos utilizados poseían grado analítico.

Los microorganismos utilizados fueron: *Escherichia coli* (ATCC #8739), provista amablemente por la Colección de Cultivos Microbianos de la Facultad de Farmacia y Bioquímica (CCM A29) - Universidad de Buenos Aires; *Escherichia coli* O157:H7, obtenida por aislamiento a partir de carne picada contaminada. Para realizar los ensayos, los microorganismos fueron incubados en tubos de TSA en estría por 24 h a 35°C.

Obtención de recubrimientos inmunoreactivos-anticuerpos

A-Recubrimiento de captura

Los recubrimientos se realizaron sobre piezas de vidrio (2,5 cm x 1,2 cm). Los mismos fueron acondicionados mediante sonicado (30 min, 35 kHz), primero en acetona y luego en etanol. Finalmente, se los secó en estufa a 60ºC.

Se preparó un sol mediante el sonicado (Transonic 540 sonicator, 35 kHz) de una mezcla de 1 ml TEOS, 0,06 ml HCl 0,05 M y 0,2 ml de agua durante 30 min a 20ºC. La composición de la solución de recubrimiento a emplear fue: 1 ml de una solución conteniendo 0,05 ml de APTES en 0,95 ml de acetona, agregado a 9 ml de una dilución 1/20 del sol de TEOS en agua.

Los recubrimientos se realizaron por inmersión vertical (15 seg) de los portaobjetos en la solución de recubrimiento. La polimerización tuvo lugar en condiciones de 25ºC, y secado al aire. Luego los portaobjetos fueron sometidos secuencialmente a inmersiones en sc. tamponada de KH_2PO_4 0,5 M pH 7,5, conteniendo: primero a) 0,25% de glutaraldehído, luego b) antisuero (1 mg proteína/ml), y c) finalmente solución de bloqueo (1 mg leche en polvo/ml). Los portaobjetos se incubaron en oscuridad durante 10 min en cada una de las soluciones siendo enjuagados con sc. tamponada de KH_2PO_4 0,5 M pH 7,5, entre los pasos de inmersión antes mencionados. Finalmente fueron secados al aire. Los recubrimientos así obtenidos fueron almacenados sin adición de agente antimicrobiano a 4ºC hasta su utilización. Para el aislamiento de *Escherichia coli* O157:H7 se utilizó un antisuero contra antígenos totales.

B-Sistema Capilar de Preconcentrado de Bacterias

Para el recubrimiento de la pared interna de columnas de electroforesis capilar se procedió de la siguiente manera.

Se acondicionó una columna capilar de 50 cm de largo x 75 µm de diámetro interno secuencialmente con: NaOH 1 N (15 min), H_2O (5 min), HCl 0,1 N (5 min), H_2O (5 min), H_2O : Etanol (1:1) (5 min), Etanol (5 min), Etanol : Hexano (1:1) y Hexano (5 min). Se forzó por medio de vacío al pasaje de aire y luego se incubó una hora a 100°C y se guardó en desecador hasta el momento de derivatización con el polímero y anticuerpos.

Las columnas capilares se rellenaron por presión hidrostática con una mezcla de TEOS : APTES idéntica a la utilizada para el recubrimiento de las piezas de vidrio. La presión hidrostática se mantuvo el tiempo suficiente para que la mezcla polimérica cubriera 3 cm de la porción inicial de las columnas. Se permitió la gelificación de la mezcla dentro de la columna en posición horizontal a temperatura ambiente. Luego se envejeció a 80°C toda la noche, hasta que el polímero se contrajo sobre las paredes de la columna. Para el completo secado y la eliminación de residuos del gel que pudieran ocluir la luz del capilar se hizo pasar N_2 por el interior de la misma durante 30 min.

En la derivatización del polímero se siguió el mismo protocolo utilizado para la derivatización de piezas de vidrio con un antisuero contra antígenos totales de *Escherichia coli* O157:H7, únicamente se varió la temperatura de las incubaciones a 4°C y se cargó la columna con las soluciones por medio de la aplicación de vacío. Los recubrimientos así obtenidos fueron almacenados sin adición de agente antimicrobiano a 4°C hasta su utilización.

Caracterización Físico-Química de los recubrimientos

Microscopía de Fuerza Atómica

Las imágenes topográficas de los recubrimientos se obtuvieron con un Microscopio de Fuerza Atómica (AFM) NanoScope IIIa (Digital Instruments microscope, Santa Barbara, EEUU). Las imágenes se tomaron en el modo de contacto intermitente (tapping) usando un cantilever de silicio bajo flujo de N_2. El procesamiento de las imágenes se realizó utilizando el programa WSxM 4.0 Develop 8.5 Scanning Probe Microscopy Software (Nanotec Electronics, España). Este programa es gratuito y puede descargarse desde http://www.nanotec.es. Los recubrimientos no fueron limpiados para evitar la ablación de la superficie y la adición de artefactos.

Microscopía de Barrido Electrónico

Las muestras fueron analizadas usando un microscopio de barrido electrónico (SEM) Phillips 505 para la obtención de imágenes en escala micrométrica. Previo a la obtención de imágenes se realizó un recubrimiento de oro para lograr que la superficie a analizar sea conductora.

Caracterización Funcional de los recubrimientos

Ensayos de recuperación de *E. coli* O157:H7

Para evaluar la capacidad de recuperar *E. coli* O157:H7 por el dispositivo, se inocularon tubos de TSB (10 ml) con *E. coli* y *E. coli* O157:H7, con un total de 100 células en cada tubo, en distintas proporciones: 50:50, 70:30, 80:20 y 90:10. Todos los tubos se incubaron 16 h a 37°C. Después de la incubación un recubrimiento con anticuerpo unido se colocó en cada tubo enriquecido y se dejo reaccionar por 15 min. Se efectuaron ensayos en blanco (vidrio no recubierto) para evaluar adsorción inespecífica al vidrio.

Los soportes se lavaron con sc. tamponada de K_2HPO_4 0,5 M pH 7,5 conteniendo 0,1% Triton X-100. Posteriormente fueron incubados en caldo lactosado a 37°C. Finalmente se realizaron siembras en agar cromogénico (Chromobrit®, Britania Labs) después de diferentes tiempos de amplificación (3, 5, 7, 24 h) para evaluar la recuperación de cada microorganismo.

Detección de *E. coli* O157:H7 previo preconcentrado en columna capilar

Una suspensión de *E. coli* O157:H7 ($1x10^9$ ufc) fue inactivada con formol antes del ensayo de preconcentrado en columna capilar. La suspensión fue introducida en la columna capilar por presión hidrostática (20 min), luego se acondicionó la columna con la solución de corrida: H_3BO_3 20 mM pH 8. Luego de esto un pequeño volumen de glicina pH 3 entre 0,1 y 0,5 M se aplicó por presión hidrostática por 20 segundos; seguido se aplicó un mayor volumen de sc. de corrida (1 min), inmediatamente antes de la corrida electroforética. Las corridas electroforéticas se realizaron a un voltaje constante de +20kV, con detección a 254 nm. El diámetro interno de la columna capilar fue de 75 µm y su largo de 50 cm. El equipo de Electroforesis Capilar utilizado fue un Quanta 4000 Capillary Electrophoresis System (Waters, Milford, MA, USA).

Resultados y Discusión

Los resultados de la caracterización físico-química y funcional de los recubrimientos de captura y del sistema capilar de preconcentrado de bacterias se muestran por separados en las sub-secciones:

A-Recubrimiento de Captura

B-Sistema Capilar de Preconcentrado de Bacterias

A-Recubrimiento de Captura

A-Caracterización Físico-Química de los recubrimientos

Microscopía de Fuerza Atómica

Las imágenes obtenidas por AFM muestran la topografía de la superficie original utilizada para el recubrimiento y la del recubrimiento finalizado. La figura 3 muestra la superficie original, con irregularidades provenientes del proceso de fabricación. La figura 4 muestra la superficie una vez recubierta y los anticuerpos unidos mediante al uso de glutaraldehído como mordiente. En esta se observa un área cubierta completamente por las proteínas utilizadas, evidenciándose los dominios globulares de las mismas (San Paulo y Garcia, 2000).

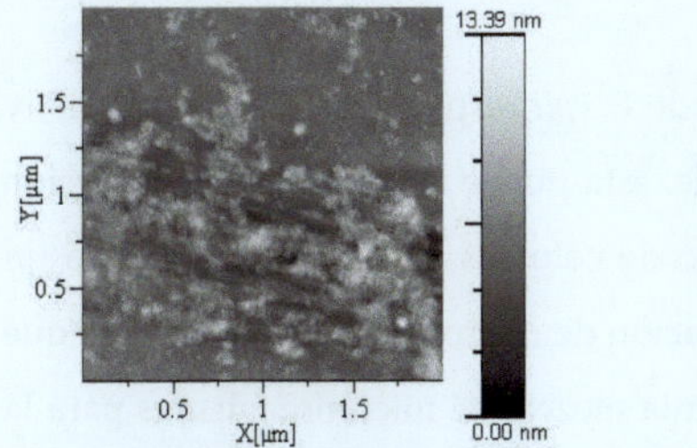

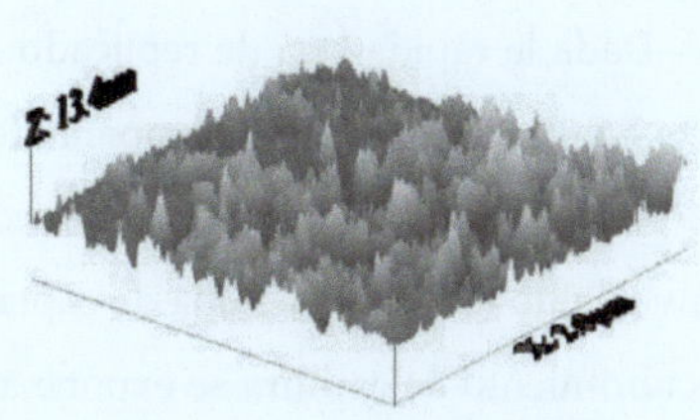

Figura 3: Imagen topográfica representada en 2-D y 3-D, obtenida por AFM, de una pieza de vidrio sin recubrimiento. Tamaño de imagen 2 µm X 2 µm.

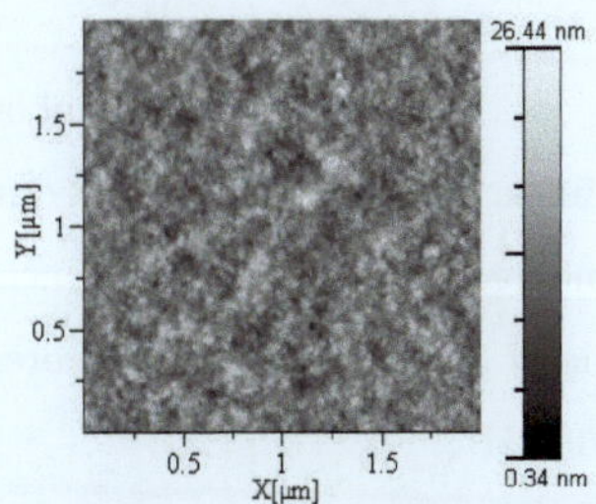

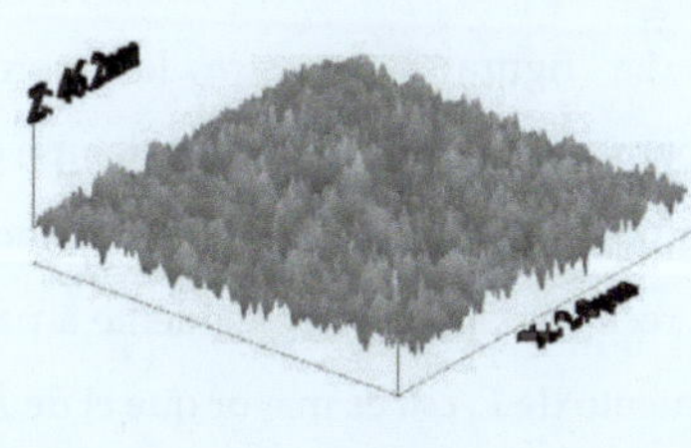

Figura 4: Imagen topográfica representada en 2-D y 3-D, obtenida por AFM, de un recubrimiento de captura luego de la unión de los anticuerpos. Tamaño de imagen 2 µm X 2 µm.

A-Caracterización Funcional de los recubrimientos

Ensayos de recuperación de *E. coli* O157:H7

El recubrimiento de captura demostró tener capacidad de recuperación de *E. coli* O157:H7, por lo que se procedió a evaluar su especificidad en la recuperación. Para esto se utilizó un protocolo similar al sugerido por los dispositivos de captura comercialmente disponibles. Las diferencias constitutivas entre estos dispositivos y el desarrollado hacen que la técnica deba ser adaptada y optimizada. Al incubar el recubrimiento de captura con la mezcla de microorganismos se observó un importante porcentaje de recuperación inespecífica, la que se disminuyó cambiando las condiciones de lavado entre incubaciones.

Dada la rápida tasa de replicado de *E. coli* respecto de *E. coli* O157:H7, y siendo habitualmente flora acompañante, esta puede interferir con la detección de la segunda cuando se hace el conteo de colonias en placa. Esto suscitó un inconveniente luego de la etapa de captación de microorganismos. Una vez que el recubrimiento de captura se expone a la mezcla de microorganismos para la recuperación selectiva de *E. coli* O157:H7, este se incuba en una solución nutritiva para la amplificación microbiana y posterior conteo en placa. Si el tiempo de amplificación es demasiado extenso, el crecimiento de la *E. coli* captada inespecíficamente sobrepasa al de *E. coli* O157:H7 opacándola numéricamente y dificultando su detección.

La figura 5 muestra los porcentajes de recuperación de ambos microorganismos en función del tiempo de amplificación. Puede observarse que a tiempos cortos ambos microorganismos son indetectables y que la diferencia en la recuperación se hace evidente a partir de las 7 horas. A tiempos mayores el recuento de *E. coli* es mayor que el de *E. coli* O157:H7.

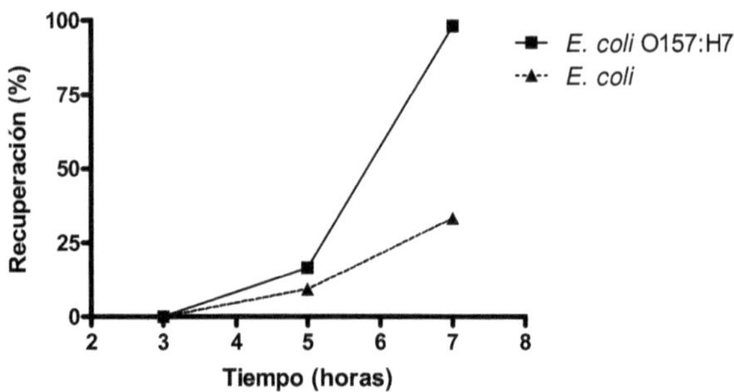

Figura 5: Recuperación porcentual de *E. coli* O157:H7 y *E. coli* en diferentes tiempos de amplificación.

Fijando 7 horas como tiempo de amplificación óptimo se investigó la recuperación de *E. coli* O157:H7 a partir de una suspensión con distintos porcentajes de microorganismos. En la figura 6 se observan los porcentajes de recuperación de los microorganismos a partir de distintas relaciones porcentuales de partida. Si bien la recuperación de *E. coli* O157:H7 es mayor que la de *E. coli* en una relación inicial 50:50, pudo comprobarse su recuperación a partir de relaciones iniciales en las cuales se encontraba en minoría. La detección en estas condiciones fue de un número mínimo inicial de 10 células de *E. coli* O157:H7, número equivalente al necesario para generar infección.

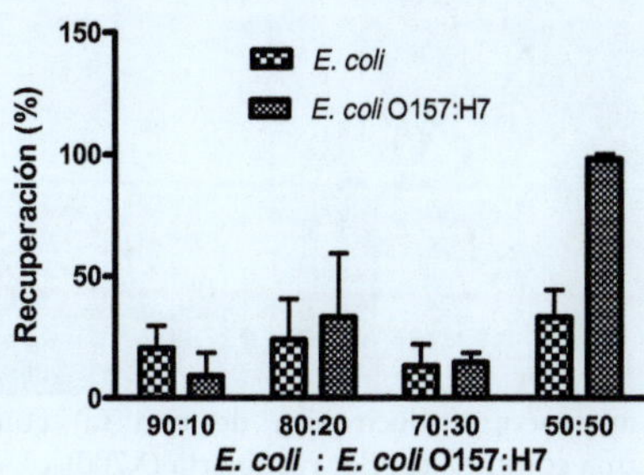

Figura 6: Recuperación porcentual de *E. coli* O157:H7 y *E. coli* en diferentes relaciones proporcionales de partida.

B-Sistema Capilar de Preconcentrado de Bacterias

B-Caracterización Físico-Química de los recubrimientos

<u>Microscopía de Barrido Electrónico</u>

Mediante microscopía de barrido electrónico se analizó la formación del recubrimiento sobre las paredes de las columnas capilares. La figura 7 A muestra el interior de un capilar sin recubrir, donde las paredes son lisas, a diferencia de la figura 7 B (capilar recubierto), donde se observa rugosidad sobre la pared capilar. Esta rugosidad estaría provocada por la presencia del recubrimiento. El gel formado se contraería contra las paredes del capilar durante el proceso de secado. Los bloques de material que se desprenden de las paredes o se contraen sobre sí mismos, y que podrían ocluir la luz del capilar, son removidos gracias a la aplicación de un flujo de N_2. De esta manera la pared queda expuesta y con baja rugosidad, lo que evita que en una corrida electroforética pueda tener aparición un flujo turbulento.

Figura 7: Imágenes de microscopía electrónica de una (a) columna capilar sin recubrimiento (X700) y *(b)* una columna capilar recubierta (X700).

Una ventaja de este sistema de recubrimiento reside en que no es necesario el agregado de fritados a la columna capilar para confinar al gel en un sector de la columna. Por otra parte, muchos sistemas de modificación de columnas de electroforesis capilar son generados mediante la gelificación de un polímero en un capilar corto, que luego es unido a otra columna a modo de sector inicial/preconcentrador. Esta unión se realiza en la mayoría de los casos artesanalmente, de lo que suelen surgir desde taponamientos de columna hasta secciones con flujo turbulento (Heegaard, *et al.*, 1998). Esta unión y sus inconvenientes son eludidos con el sistema de modificación aquí presentado.

No obstante las ventajas indicadas, el sistema de recubrimiento de pared por esta técnica adolece de un problema de capacidad. Todos los sitios activos se encuentran en la superficie del capilar, lo que lleva a que el área de interacción sea menor que en el caso de sistemas de preconcentración que poseen un relleno de microesferas de latex o vidrio con anticuerpos unidos, o incluso que los sistemas de polímeros monolíticos. Por esta razón es que el sistema fue diseñado para antígenos de gran tamaño, como lo son los microorganismos enteros, que pueden tener un flujo dificultoso en el entramado de un polímero monolítico o un relleno de microesferas.

B-Caracterización Funcional de los recubrimientos

Detección de *E. coli* O157:H7 previo preconcentrado en columna capilar

El recubrimiento de una pequeña porción del extremo de introducción de muestra de una columna de electroforesis capilar y la posterior unión de los anticuerpos a la pared permitieron generar un sector de preconcentrado específico con afinidad por *E. coli* O157:H7. Luego de la incubación de la bacteria en condiciones de asociación Ag-Ac y posterior enjuague del capilar para limpiarlo de bacterias asociadas inespecíficamente a la pared no recubierta del capilar, se procedió a eluir la bacteria de la zona de preconcentrado con un pequeño volumen de solución de disociación (glicina). Por medio de presión hidrostática se hizo migrar a la solución de disociación desde comienzo de la zona de inyección hasta el final de la zona de preconcentrado, mientras, en el extremo de inyección del capilar se introdujo solución de corrida. Luego de esto se aplicó voltaje y se libró a la bacteria a su propia movilidad electroforética.

La figura 8 muestra un electroferograma de una suspensión de *E. coli* O157:H7, luego de las etapas de asociación y disociación. La etapa de disociación fue evaluada en su eficiencia mediante la comparación de las fuerzas de elusión de soluciones de glicina pH 3 con molaridades variables entre 0,1 y 0,5 M. A molaridades bajas no pudieron detectarse señales que indicaran una correcta disociación de la bacteria de su anticuerpo específico. La disociación de la bacteria se hizo efectiva con molaridades a partir 0,3 M. La señal de la bacteria pudo observarse entre los 25 y 30 minutos de corrida. Las variaciones observadas en el área de esta señal pudieron deberse a variabilidad de la movilidad electroforética de las bacterias.

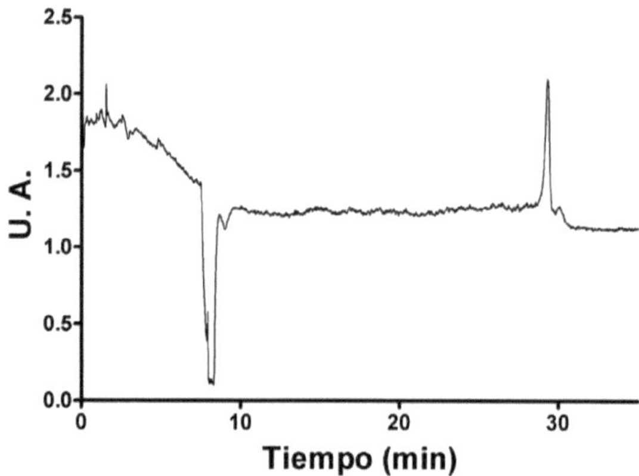

Figura 8: Electroferograma de *E. coli* O157:H7 eluida de la unión Ag-Ac usando 0,3 M glicina pH 3.

Los resultados obtenidos muestran el potencial de las superficies inmunoreactivas al mismo tiempo que plantea las variables que afectan su desempeño. La fuente de Acs dirigidos a Ags de *Escherichia coli* O157:H7 fue un suero de conejo enriquecido en inmunoglobulinas. Este suero posee proteínas que no pertenecen a la familia de las inmunoglobulinas, que son capaces de reaccionar inespecíficamente con bacterias presentes en la muestra, lo que llevaría a interacciones no deseadas con los sistemas de captura y preconcentrado. Incluso, la propia adsorción de las bacterias al recubrimiento en zonas poco cubiertas por proteínas puede resultar en el mismo efecto.

Por otro lado los resultados son prometedores en diferentes aspectos. Si bien el sistema de captura de *E. coli* O157:H7 evidenció adsorción inespecífica, permitiría recuperar y detectar al patógeno en bajo número, incluso en presencia de otros microorganismos. El sistema de preconcentrado en columna capilar también muestra ventajas como los son la no necesidad de utilizar fritados o uniones de porciones de columna, lo que mejoraría comparativamente la corrida electroforética. Cabe mencionar que la detección se realiza por una medida espectrofotométrica, lo que acorta los tiempos de análisis. Al mismo tiempo la especificidad lograda por la bioafinidad del sistema de preconcentrado permite la identificación del microorganismo.

Estos resultados sugirieron la necesidad de optimización del desempeño de las superficies inmunoreactivas frente a la interacción con un medio biológico. Para evitar los inconvenientes típicos de estos medios, como por ejemplo la adsorción inespecífica al recubrimiento o a las biomoléculas unidas, se decidió rediseñar la matriz desde su proceso de síntesis, focalizando uso a una aplicación diferente. Esto es presentado en la SECCIÓN 2 de este capítulo.

SECCIÓN 2

Inmovilización Covalente de Parásitos para la detección de Anticuerpos

Materiales y métodos

Reactivos

Tetraetoxi silano (TEOS) fue comprado a Fluka (Buchs, Suiza). 3-aminopropil trietoxi silano (APTES) se adquirió de Sigma-Aldrich (Steinheim, Alemania). El glutaraldehído utilizado fue Mallinckrodt Baker (Phillipsburg, NJ, EEUU). Las inmunoglobulinas (Igs) polivalentes anti-Igs de ratón y anti-Igs humanas conjugadas con Isotiocianato de Fluoresceína (FITC) y las inmunoglobulinas polivalentes anti-Igs de ratón y anti-Igs humanas conjugadas con Peroxidasa de rabanito (HRP) fueron compradas a Sigma (St Louis, MO, EEUU). Todos los demás reactivos utilizados poseían grado analítico.

Parásitos

Para la obtención de parásitos a inmovilizar, epimastigotes de *Trypanosoma cruzi* (Tulahuen, RA), y promastigotes de *Leishmania guyanensis* fueron cultivados en medio líquido bifásico como fue descripto previamente (Chiari y Camargo, 1984; Jaffe, *et al.*, 1984). Los parásitos se tomaron durante la fase de crecimiento exponencial centrifugando el medio de cultivo 15 min a 5000g; luego el pellet se lavó tres veces con Buffer Fosfato Salino 0,1 M pH 7,2 (PBS). Los epimastigotes y promastigotes colectados fueron formolados usando la metodología previamente descrita (Zwirner, *et al.*, 1992; Zwirner, *et al.*, 1994).

Para su posterior utilización en la generación de antisueros, se colectaron tripomastigotes de *T. cruzi* provenientes del torrente sanguíneo de ratones

BALB/c infectados durante el pico de parasitemia (Andrews y Colli, 1982). La sangre fue centrifugada 10 min a 100g; luego de una incubación de 1 h a 37ºC se tomó el plasma, el cual fue centrifugado por 10 min a 590g. El pellet de parásitos fue lavado 2 veces con PBS y resuspendido en medio M-199 (Gibco BRL).

Suero de ratón y humanos infectados

Ratones tipo BALB/c fueron infectados intraperitonealmente, utilizando 50-100 tripomastigotes de *T. cruzi*. Las muestras de sangre fueron recogidas luego de un periodo de infección de 3-6 meses y conservadas a 4ºC. Los sueros fueron luego obtenidos por centrifugación; una alícuota de los mismos fue conservada a -70ºC. El nivel de anticuerpos fue determinado por ELISA. Las muestras de suero de ratón anti-*L. guyanensis* y las muestras de suero humano infectadas con *T. cruzi* o *L. guyanensis* fueron provistas gentilmente por S.I. Cazorla y F.M. Frank.

Todos los experimentos que involucraron la utilización de animales fueron realizados siguiendo los protocolos fijados por el CONICET (Consejo Nacional de Investigaciones Científicas y Técnicas). Se hicieron todos los esfuerzos para reducir al mínimo el sufrimiento y el número de animales utilizados.

Obtención de recubrimientos derivatizados con parásitos

Los recubrimientos se obtuvieron siguiendo el protocolo de la SECCIÓN 1, con variaciones en los pasos en que se consideró necesario para la optimización del desempeño en su interacción con los sistemas biológicos. Se utilizó como soporte portaobjetos de vidrio (75 mm x 25 mm). Los mismos fueron acondicionados mediante sonicado (30 min, 35kHz), primero en acetona y luego en etanol. Finalmente, se los secó en estufa a 60ºC.

Se preparó un sol mediante el sonicado (Transonic 540 sonicator, 35 kHz) de una mezcla de 1 ml TEOS, 0,06 ml HCl 0,05 M y 0,2 ml de agua durante 30 min a 20ºC. La composición del solvente de recubrimiento fue estudiada en cuanto a la introducción de modificaciones en la matriz. La composición óptima del material a emplear fue evaluada haciendo diluciones 1/20 del sol de TEOS con soluciones conteniendo porcentajes variables de acetona/agua.

Un mililitro de una solución conteniendo 0,05 ml de APTES en 0,95 ml de acetona fue agregado a 9 ml de una dilución 1/20 del sol de TEOS preparada como se mencionó anteriormente.

El contenido de APTES empleado es el máximo compatible con el proceso de polimerización. De esta forma 1 µl fue depositado sobre el portaobjeto de forma tal de generar un pocillo circular.

La polimerización tuvo lugar en condiciones de 25ºC y secado al aire. Luego los portaobjetos fueron sometidos secuencialmente a inmersiones en sc. tamponada de KH_2PO_4 0,5 M pH 7,5, conteniendo: a) 0,25% de glutaraldehído, b) $1x10^6$ parásitos/ml, y c) solución de bloqueo (1 mg leche en polvo/ml). Los portaobjetos se incubaron en oscuridad durante 10 min en cada una de las soluciones siendo enjuagados con sc. tamponada de KH_2PO_4 0,5 M pH 7,5 entre los pasos de inmersión antes mencionados. Finalmente fueron secados al aire. Los recubrimientos así obtenidos fueron almacenados sin adición de agente antimicrobiano a 4ºC hasta su utilización. El tiempo de almacenamiento osciló entre 1 día y 2 meses.

Caracterización Físico-Química de los recubrimientos

Espectroscopía de infrarrojo

Se obtuvo el espectro de absorción al infrarrojo de los recubrimientos en el rango 4000 a 650 cm^{-1} por medio del uso del accesorio de Reflectancia Total Atenuada (Perkin Elmer, Spectrum One IR) con placa plana de ZnSe (45º). Previamente a estos ensayos todos los recubrimientos fueron secados 24 h a 60ºC para evitar bandas asociadas a humedad.

Caracterización Funcional de los recubrimientos

Ensayos de Inmunofluorescencía Indirecta (IFI) e Inmuno Peroxidasa (IPO)

El desempeño frente a los ensayos de IFI e IPO se evaluó comparando epimastigotes de *T. cruzi* y promastigotes de *L. guyanensis* (10^5 parásitos/pocillo), ya formolados y fijados por calor por la técnica de rutina (Alvarez, *et al.*, 1968), o inmovilizados covalentemente por la técnica sol-gel a forma de impronta.

El suero de 5 ratones infectados con *T. cruzi* y 5 infectados con *L. guyanensis* fueron ensayados, haciendo a cada suero diluciones seriadas al medio a partir de una dilución inicial 1/60. Como control negativo se utilizaron sueros preinmunes de cada animal. Cada pocillo fue cubierto con 20 µl de suero, incubado durante 1 h a 37ºC. El mismo procedimiento se realizó con los sueros control. Luego 20 µl de Ig G anti-ratón conjugada con FITC diluida 1/100 en una solución 0,01% Evans Blue en PBS, o 20 µl de Ig G anti-ratón conjugada con peroxidasa diluida 1/4000 en PBS fueron agregados sobre los pocillos como segundo anticuerpo, también incubando durante 1 h a 37ºC. Para la IPO 3,3' diaminobenzidina fue usada como reactivo color de revelado, siguiendo indicaciones del fabricante (Sigma-Aldrich).

Entre cada paso se intercalaron 2 lavados con una solución de PBS conteniendo 0,1% Tween 20 y un lavado con agua destilada, cada lavado se realizó sumergiendo durante 5 min las improntas.

Los sueros de 5 humanos infectados con *T. cruzi* y 5 humanos infectados con *L. guyanensis* fueron ensayados siguiendo el mismo protocolo que para los sueros murinos. Cinco sueros negativos fueron utilizados como controles.

Para microscopía óptica y de fluorescencia se utilizó un microscopio Olympus Bx50.

Resultados y Discusión

Caracterización Físico-Química

Espectroscopía de infrarrojo

Los espectros de infrarrojo fueron realizados sobre las superficies recubiertas antes de la inmovilización de los parásitos. Los espectros de ATR-FTIR de films obtenidos a partir de diferentes porcentajes de agua : acetona en la solución de recubrimiento se muestran en la figura 9. Los recubrimientos mostraron las bandas características del óxido de silicio a 760 cm^{-1}, 890 cm^{-1} y 1030 cm^{-1} correspondientes a estiramientos simétricos Si-O-Si, Si-OH y asimétricos Si-O-Si respectivamente, dada la composición de la red polimérica (Nakagawa y Soga, 1999; Rochat, *et al.*, 2003; Orel, *et al.*, 2005). En la figura 9 puede observarse que en los recubrimientos obtenidos con acetona como solvente mayoritario la intensidad relativa de la banda a 890 cm^{-1} es mayor que la banda a 1030 cm^{-1}, lo que indicaría un mayor número de grupos Si-OH en la superficie. La mayor intensidad relativa de la banda a 890 cm^{-1} también pudo verse en recubrimientos realizados con iguales proporciones de agua:acetona (50:50). Lo contrario sucede cuando el solvente de reacción mayoritario es el agua, donde la banda correspondiente al estiramiento Si-O-Si (1030 cm^{-1}) es más intensa.

4

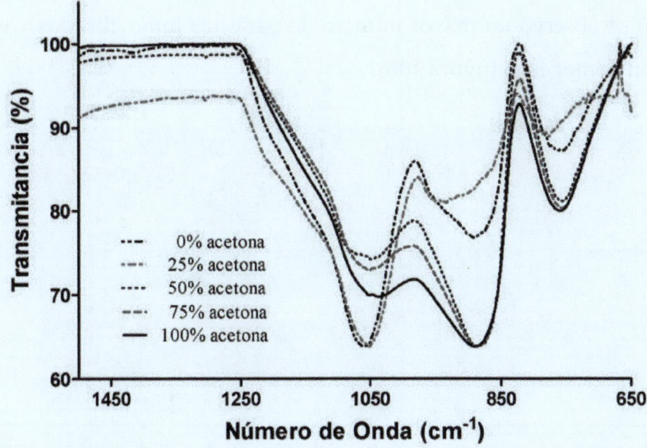

Figura 9: Espectros de ATR-FTIR los recubrimientos obtenidos a partir de diferentes porcentajes de agua:acetona.

Estas diferencias estarían asociadas con cambios en la red polimérica. Cuando la relación acetona/agua es alta, la volatilización del solvente es rápida, lo que permitiría una policondensación de monómeros y oligómeros veloz inducida por la proximidad de las moléculas. Una policondensación rápida llevaría a que la red polimérica tenga baja conectividad (pocas uniones Si-O-Si), ya que no habría tiempo suficiente para la condensación de un mayor número de grupos Si-OH. Esto se traduciría en la superficie como un mayor porcentaje de silanoles y en el espectro de IR como un aumento en la intensidad de la banda a 890 cm^{-1}. En el caso opuesto, cuando el agua es mayoritaria, la evaporación del solvente es lenta y la formación de puentes Si-O-Si se ve favorecida durante la etapa de polimerización (Brinker y Scherer, 1990).

Microscopía Óptica

Luego de la inmovilización de los parásitos en los recubrimientos obtenidos a partir de diferentes porcentajes de agua : acetona en la solución de recubrimiento, se observó la impronta en el microscopio óptico. En los recubrimientos obtenidos con mayor porcentaje de agua como solvente pudo observarse que el número de parásitos era reducido e incluso su distribución heterogénea (figura 10A). Por otro lado cuando la acetona se usó en mayor proporción se observó un mayor número de parásitos inmovilizados y en una distribución homogénea (figura 10B).

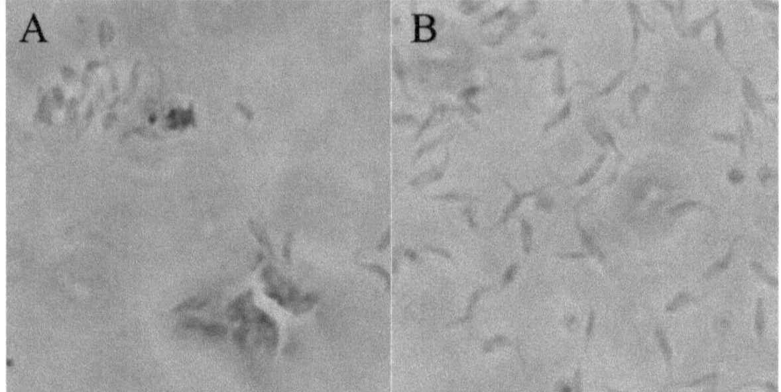

Figura 10: Imágenes de microscopía óptica de epimastigotes de *T. cruzi* inmovilizados en recubrimientos obtenidos con *(a)* 100% agua y *(b)* 75% acetona. En *(a)* se observa una distribución heterogénea de los parásitos, mientras que en *(b)* esta es homogénea.

Caracterización Funcional de los recubrimientos

Ensayos de Inmunofluorescencia Indirecta (IFI) e Inmuno Peroxidasa (IPO)

Con la finalidad de analizar si los epimastigotes covalentemente unidos conservaban las estructuras celulares y la habilidad de unir anticuerpos específicos, se los enfrentó a sueros negativos y sueros positivos para anticuerpos anti-*T. cruzi*. La figura 11 muestra la fluorescencia de epimastigotes de *T. cruzi* inmovilizados covalentemente, expuestos a diferentes sueros positivos y negativos, revelados con anticuerpos conjugados con FITC. En las improntas cuyos recubrimientos se realizaron utilizando un mayor porcentaje de agua se observó una fluorescencia inespecífica proveniente de la matriz polimérica, lo que dificulta la visualización de epimastigotes fluorescentes en la misma (figura 11 insertos C y D). Los cambios en la estructura del SiO_2 observadas en los espectros de ATR-FTIR se observan también en este ensayo. Cuando el solvente mayoritario utilizado fue acetona la matriz no mostró fluorescencia inespecífica y la visualización de epimastigotes fluorescentes fue sencilla gracias al buen contraste de la imagen (figura 11A y B). Los ensayos demostraron que el uso de un 75% de acetona en la mezcla de solventes de recubrimiento lograba resultados óptimos. En estos recubrimientos se observa la minimización de la fluorescencia inespecífica y, dada la presencia de un alto porcentaje de Si-OH, la superficie posee mayor hidrofilicidad, lo que mejoraría la eficiencia de los pasos de lavado. Por esto se eligió el uso de 75% de acetona para los recubrimientos destinados a los siguientes ensayos.

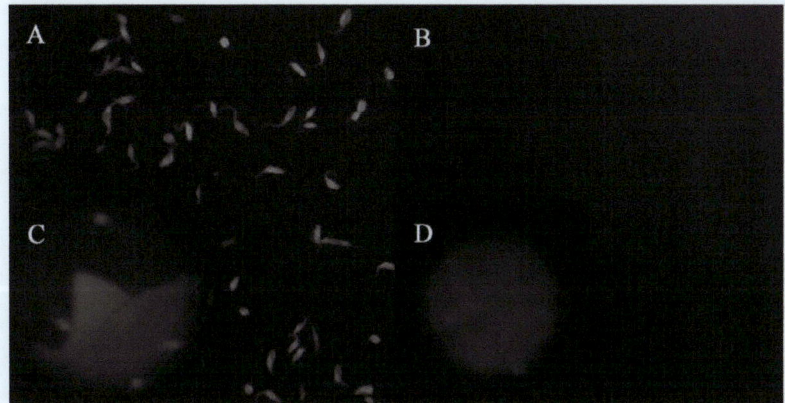

Figura 11: Imágenes de microscopía de fluorescencia de epimastigotes de *T. cruzi* inmovilizados en recubrimientos obtenidos con *(a* y *b)* 75% acetona e *(insertos c* y *d)* 100% agua. Las imágenes muestran la fluorescencia de los parásitos incubados *(a* e *inserto c)* con suero anti-*T. cruzi* positivo o *(b* e *inserto d)* con un suero anti-*T. cruzi* negativo, con posterior revelado con anticuerpos conjugados con FITC.

Luego de la optimización de los recubrimientos estos fueron ensayados con sueros de humanos o ratones infectados con *T. cruzi* o *L. guyanensis*. Estos sueros se analizaron tanto por improntas con parásitos covalentemente unidos como con parásitos fijados por calor. En ambos casos los sueros positivos fueron detectados en diluciones entre 1/60 y 1/240. En diluciones mayores (1/480 en adelante) no se observó una diferencia significativa en intensidad de fluorescencia para sueros positivos y sueros negativos, siendo los resultados equivalentes para ambos métodos de inmovilización, demostrando que la búsqueda de anticuerpos por IFI usando el método de inmovilización por unión covalente tiene una sensibilidad semejante al método tradicional de fijación por calor. Resultados similares fueron obtenidos en la comparación de métodos de inmovilización de *L. guyanensis.*

La dilución en la cual los sueros positivos fueron detectados como tales se mantuvo constante al menos por dos meses cuando se ensayaron parásitos inmovilizados covalentemente, no así los fijados por calor, cuyo título disminuyó significativamente en este período. La única consideración que se tuvo con ambas improntas fue el almacenaje a 4°C.

Los recubrimientos con promastigotes de *L. guyanensis* inmovilizados y los que tenían epimastigotes de *T. cruzi* inmovilizados fueron enfrentados a sueros positivos anti-*T. cruzi* y anti-*L. guyanensis* respectivamente, con la finalidad de evaluar la conservación de la reactividad cruzada que existen entre los antisueros de pacientes infectados con estos dos parásitos (Frank, *et al.*, 2003). La reactividad cruzada se mantuvo por lo menos durante dos meses de conservar los parásitos inmovilizados a 4 °C.

En paralelo se analizó el desempeño de los parásitos inmovilizados por el método sol-gel en el ensayo de Inmuno Peroxidasa (IPO). En los recubrimientos obtenidos con acetona como solvente mayoritario (75%) los sueros positivos mostraron, luego del revelado, un color intenso con una marcada diferencia frente a los controles negativos (figura 12). Los resultados frente la reactividad cruzada fueron similares a los obtenidos por IFI, manteniéndose al menos por 2 meses.

Otros investigadores han reportado deterioros en los antígenos luego de almacenar a 4°C improntas usando métodos de fijación tradicionales, como fijación por calor, entre otros (Wood, *et al.*, 1969; Berthelot, *et al.*, 1995). En contraste con los parásitos fijados por calor, los parásitos covalentemente unidos y conservados a 4°C, no mostraron deterioro antigénico por un espacio de 2 meses de almacenamiento, observándose un desempeño comparable con las improntas fijadas por calor preparadas antes de usar. Así, la inmovilización covalente por el método sol-gel permite obtener improntas listas para su uso que pueden ser mantenidas por meses sin pérdida de los epitopes moleculares o de los parásitos, en los pasos de lavado, manteniendo su número y homogeneidad. La preservación de los parásitos observada podría deberse en parte a que la hidrofilicidad de la red polimérica (75% acetona) contribuye a evitar la desecación del parasito inmovilizado.

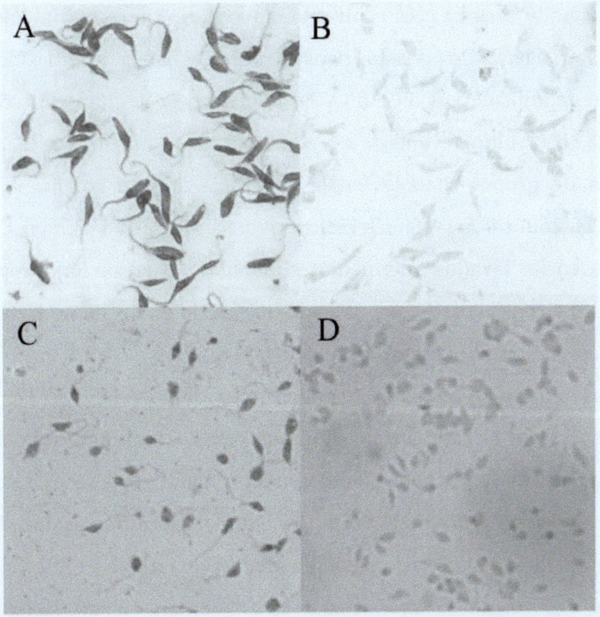

Figura 12: Imágenes de microscopía óptica de *(a* y *b)* epimastigotes de *T. cruzi* y promastigotes de *(c* y *d) L. guyanensis* inmovilizados en recubrimientos obtenidos con 75% acetona. Las imágenes muestran el color de los parásitos incubados con *(a)* suero anti-*T. cruzi* positivo, *(b)* con un suero anti-*T. cruzi* negativo, *(c)* suero anti- *L. guyanensis* positivo y *(d)* suero anti- *L. guyanensis* negativo, con posterior revelado con anticuerpos conjugados con peroxidasa.

La inmovilización covalente ha demostrado también ser aplicable no solo para IFI sino para IPO. El proceso de inmovilización es inocuo para la especie unida, lo que mantiene los epitopes bien conservados para su reconocimiento por parte de anticuerpos policlonales. Esto también fue confirmado con los ensayos de reactividad cruzada.

El método presentado describe una alternativa para la unión covalente de parásitos con una distribución homogénea para su reconocimiento por anticuerpos específicos. Las condiciones de la técnica utilizada hacen que sea versátil para la unión potencial de una gran variedad de inmovilizandos, no solo para parásitos. La red obtenida a partir de la copolimerización de TEOS y APTES, usando acetona como solvente mayoritario de recubrimiento, permite la unión homogénea de parásitos para su posterior uso en técnicas indirectas de detección de anticuerpos, IFI e IPO, sin interferencia de fondo introducida por la matriz. Esta última ventaja, así como otras, se adjudicó a la abundante presencia de grupos silanoles en la superficie, lo que confirió a la matriz carácter hidrofílico. Esta característica favorece al mismo tiempo una mayor eficiencia en los lavados intermedios eliminando la adsorción inespecífica de proteínas. La sensibilidad y especificidad obtenida en los ensayos de IFI e IPO fueron comparables a la técnica tradicional de fijación.

Las improntas obtenidas mantienen su desempeño por 2 meses, solo siendo necesario el resguardo a 4ºC, en vez de los -20ºC necesarios para almacenar las improntas disponibles comercialmente. Esta técnica posibilita la preparación, en un procedimiento corto y simple, de improntas duraderas listas para su uso, eliminando la necesidad de preparación diaria de improntas fijadas por calor.

Conclusiones

Las recubrimientos logrados por medio de la copolimerización de TEOS y APTES demuestran y sugieren el potencial de la introducción de grupos con reactividad específica en las matrices de óxido de silicio. En este capítulo la funcionalidad de estos polímeros fue aprovechada con la finalidad de obtener superficies inmunoreactivas.

Tanto en el sistema de inmovilización de anticuerpos como en el de inmovilización de parásitos pudo observarse que la estrategia de unión empleada es compatible con la función y estabilidad de biomoléculas como anticuerpos y de células como los son los parásitos protozoarios *T. cruzi* y *L. guyanensis*. En la primera sección se desarrolla una estrategia de síntesis de un recubrimiento sobre el cual pueden unirse covalentemente gran variedad de especies biológicas conteniendo en su estructura un grupo ξ-amino libre capaz de reaccionar con un aldehído. Esta estrategia es optimizada en la segunda sección, donde se obtiene un recubrimiento con características favorables a su empleo en combinación con muestras de fluidos biológicos.

CONCLUSIONES GENERALES

Conclusiones Generales

A lo largo de los capítulos se discutió sobre los alcances de los resultados obtenidos en cada uno de ellos. Las conclusiones provenientes de los mismos están íntimamente relacionadas con los objetivos planteados en cada uno.

De una manera sencilla en esta tesis se pudo avanzar en el conocimiento hacia las interacciones y propiedades de ciertos modelos de superficies generados por el proceso sol-gel y su interacción específica con sustancias químicas, células y biomoléculas.

Inicialmente se plantea la modificación de una superficie de vidrio mediante la aplicación de una solución de silicato de sodio en proceso de condensación/polimerización. Gracias a esa modificación pudo observarse cómo un cambio en la zona superficial de un material confiere una reactividad particular aunque la composición del recubrimiento no difiera sustancialmente de la composición química del soporte en sí mismo. Esta nueva reactividad fue estudiada y aprovechada en el preconcentrado y detección de plomo en concentraciones inferiores a las detectables por los métodos analíticos utilizados en análisis de rutina.

En un posterior desarrollo se introdujo un antimicrobiano dentro de la matriz polimérica de SiO_2 generando una superficie con bioactividad. De esta introducción se desprende la utilidad de la modificación de superficies para conferir actividad antimicrobiana a la misma. Las ventajas de la química sol-gel en la obtención de recubrimientos fueron comprobadas y estas resaltan en especial para aplicaciones que derivan en la industrialización de un proceso. Por ejemplo la obtención de vidrios utilizados en ventanas o cerámicas para hospitales con recubrimiento antimicrobiano, o incluso, en la cobertura de mesadas para el procesamiento de alimentos. La sencillez del sistema de recubrimientos por inmersión y la posible adaptación a otros sistemas de recubrimiento hace que la técnica sea atractiva para su utilización a gran escala. Por otra parte, la modificación de una superficie que sea de textura y apariencia óptica similar a la del material original favorece la aceptación del usuario al nuevo producto. Ambas ventajas surgen de la elección de la química sol-gel para la obtención de matrices de SiO_2.

Desde otro punto de vista, un soporte puede servir como vehículo de una molécula. Si se logra atrapar un inmovilizando en el soporte, este podría transportarlo al medio de reacción, del cual sería retirado fácilmente luego de su acción. Así, luego de la inmovilización de un biopolímero con gran capacidad de adsorber metales pesados pudo generarse un sistema de remediación de agua contaminada con metales pesados. La aplicación de un biosorbente libre en solución generalmente es la forma más estudiada para caracterizar su comportamiento pero no propone una solución al problema de su implementación *in-situ*, por ejemplo en las grandes piletas de tratamiento de aguas. La obtención del híbrido silicato-quitosano permitió analizar el uso del polisacárido como sorbente inmovilizado. Al mismo tiempo demostró que su interacción con la red de SiO_2 no interfiere con sus propiedades adsorbentes. A diferencia de una inmovilización de una molécula, la cual se adiciona a la mezcla de reacción como aditivo, pudo comprobarse que en la estrategia de diseño de un híbrido la elección de condiciones químicas es más estricta ya que se necesita compatibilizar el comportamiento de ambos componentes del compósito.

La necesidad de compatibilizar diferentes comportamientos químicos fue evidente también en el desarrollo de un sistema de unión covalente de inmovilizandos biológicos. En este tipo de interacciones no solo debe tenerse en cuenta la labilidad de ciertos inmovilizandos, como es el caso de anticuerpos o células, sino también las interferencias que la matriz polimérica puede generar al momento de su aplicación, por ejemplo, en una determinación inmunoquímica. Esto se hizo evidente en el diseño de un sistema donde anticuerpos fueron unidos a la matriz para la detección de bacterias patógenas. Una mejora en dicho sistema permitió que la unión de células de parásitos protozoarios permitiera generar una impronta para detectar anticuerpos específicos de individuos infectados. Su desempeño fue probado mediante ensayos de inmunofluorescencia indirecta e inmunoperoxidasa. Los cambios introducidos en el diseño de la matriz lograron subsanar los inconvenientes presentados originalmente, como por ejemplo: interacción inespecífica de la matriz con componentes de la muestra, estabilidad, características ópticas frente a ensayos de fluorescencia. Por otra parte, puede proyectarse la versatilidad del sistema a diversos tipos de inmovilizando biológicos, habiéndose desarrollado un conocimiento que permite la adecuación de la estrategia de inmovilización en cuanto a susceptibilidad del inmovilizando, biointerferencias, estabilidad química, reactividad e interferencias ópticas.

Los resultados aquí presentados son un aporte a la temática no solo en cuanto a las aplicaciones que postulan los materiales obtenidos sino también al conocimiento científico que surge de la interpretación de los resultados.

Sin duda, una conclusión abarcadora surge de todo el trabajo de tesis. La química sol-gel empleada para la obtención de recubrimientos de óxido de silicio puede ser utilizada para la generación de muy diversos materiales con aplicaciones en diferentes campos.

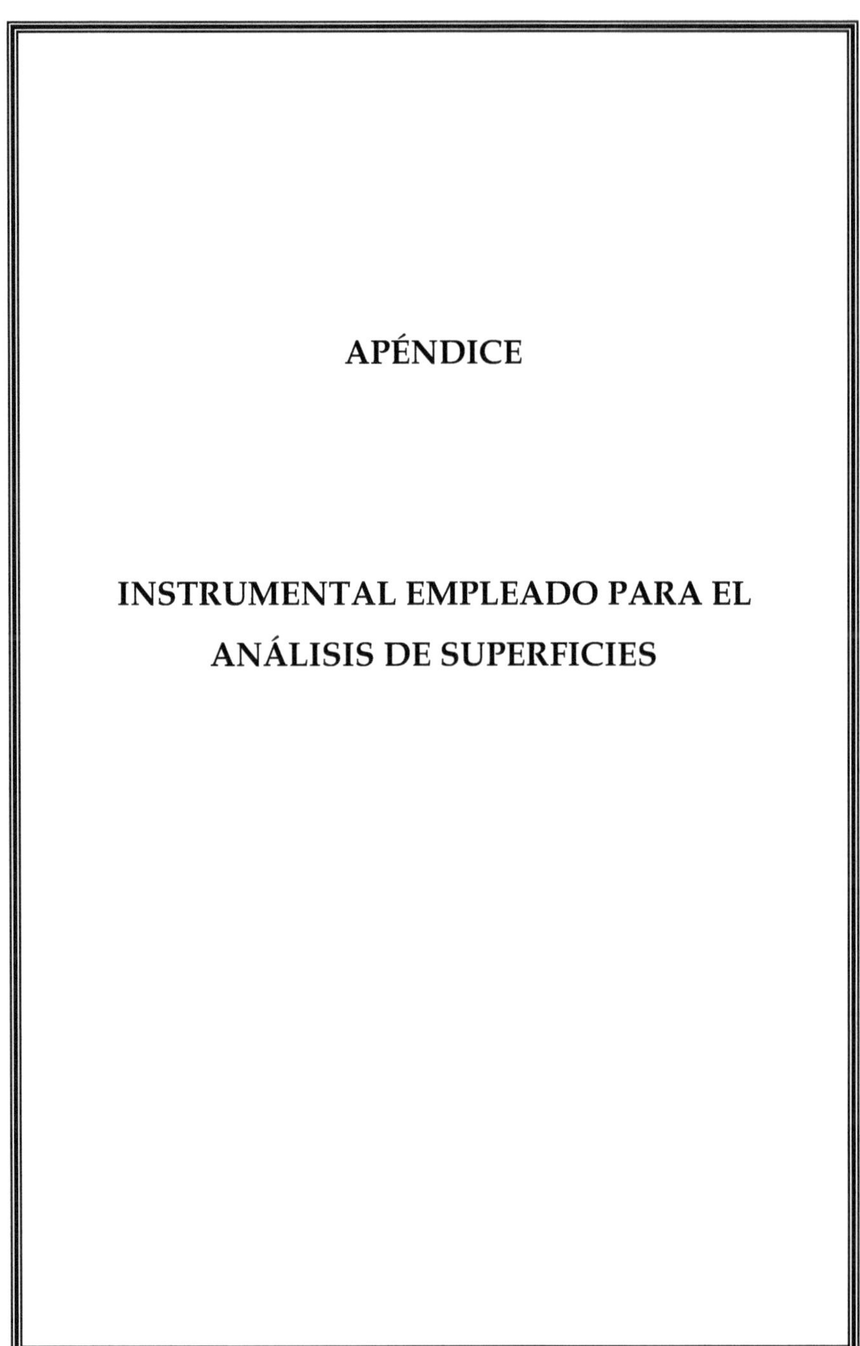

APÉNDICE

INSTRUMENTAL EMPLEADO PARA EL ANÁLISIS DE SUPERFICIES

Apéndice

Instrumental empleado para el análisis de superficies

La finalidad de este apéndice es introducir brevemente al lector a cuatro métodos de análisis de superficies, que fueron utilizados en la presente tesis. Las metodologías que se desarrollan en este apéndice responden a tecnologías disponibles en centros especializados del país.

Espectroscopía de Infrarrojo con Reflectancia Total Atenuada

La Espectroscopía de Infrarrojo es una técnica muy útil al momento de identificar en una molécula tipos de unión química y elementos que la conforman. La metodología tradicional de análisis implica la "dilución" homogénea de la muestra, en forma de polvo, en un "solvente", una sal transparente al IR, por ejemplo KBr. Cuando la muestra no puede ser pulverizada o la información requerida se perdería de hacerlo es necesario utilizar alguna otra alternativa. Este es el caso de polímeros, recubrimientos, pastas, muestras biológicas, etc. La Espectroscopía de Infrarrojo con Reflectancia Total Atenuada (ATR-FTIR) permite el análisis de este tipo de muestras. Esta técnica muestrea la superficie de un líquido, sólido o gas en contacto con un prisma por donde el haz infrarrojo reflectará en su camino al detector. Dicho de otra manera, el haz infrarrojo es enfocado por medio de espejos en la cara oblicua de un prisma con un ángulo específico (figura 1).

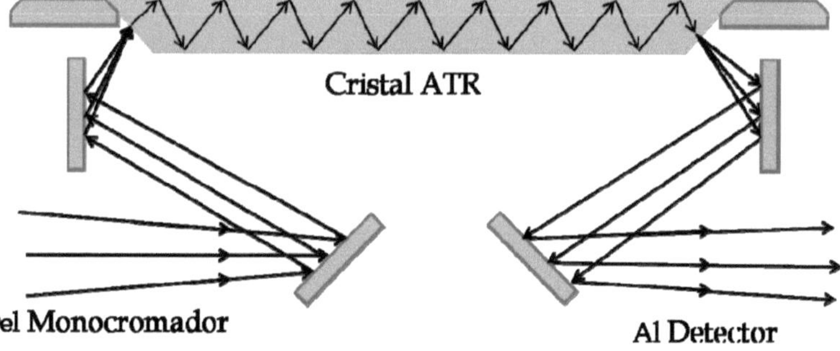

Figura 1: Diagrama del pasaje del haz incidente por los componentes del accesorio de ATR de un espectrómetro de infrarrojo.

El prisma esta hecho de un material cristalino y transparente al IR con un alto índice de refracción, de manera que cuando el haz atraviesa el cristal para encontrarse con el aire o una muestra se produce una reflexión por tratarse de un medio menos denso que el propio cristal. El haz vuelve a atravesar el cristal en sentido opuesto hasta encontrarse con la otra cara y así sucesivamente hasta el final del cristal por donde el haz será direccionado al detector. Se podría decir que el haz realiza un camino zigzagueante reflectando contra las caras del prisma múltiples veces (entre 5 y 10 veces). La reflexión es mayor a medida que el ángulo de incidencia aumenta, más allá de el ángulo crítico la reflexión es completa. El ángulo crítico puede conocerse según la ecuación:

$$\theta c = \mathrm{sen}^{-1}(n_2/n_1) \quad (1)$$

donde θ_c es el ángulo crítico y n_2 y n_1 son los índices de refracción de la muestra y del cristal respectivamente. De esto se desprende que los ángulos de entrada y salida del cristal deben ser menores al ángulo crítico, mientras que los ángulos de reflexión interna deben ser mayores a éste para que la reflexión sea total. En cada una de esas reflexiones internas el haz se comporta como si penetrase cierta profundidad en el medio contiguo al cristal, donde la muestra se ubica (figura 2).

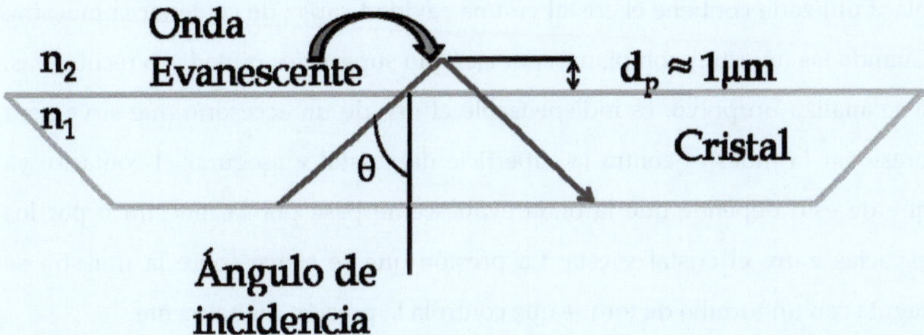

Figura 2: Esquema de la trayectoria del haz incidente por el cristal (placa) de un ATR-FTIR.

La radiación que penetra antes de la reflexión se denomina onda evanescente. Si la muestra es capaz de absorber componentes de la radiación evanescente la reflectancia total se atenuará en cada una de las múltiples reflexiones para dar, una vez detectada, el espectro de absorción infrarrojo. Los espectros de reflectancia interna poseen algunas diferencias con los espectros de absorción tradicionales. Estas son mayormente cambios en las intensidades relativas de algunas bandas debido a que la penetración de la onda evanescente en la muestra depende de la longitud de onda según:

$$d_p = \frac{\lambda}{2\pi\sqrt{\operatorname{sen}\theta - (n_2/n_1)^2}} \tag{2}$$

donde d_p es la profundidad de penetración de la onda evanescente, λ es la longitud de onda y θ es el ángulo de incidencia. A mayor longitud de onda mayor será la penetración de la onda en la muestra, lo que llevará a una mayor profundidad y sensibilidad de muestreo.

Los cristales más utilizados son de Ge y de ZnSe. El Ge posee n= 4,0, se utiliza por lo general en un ángulo de 65° y tiene un rango de trabajo (transparente) entre 5.500 y 800 cm^{-1}; el cristal de ZnSe posee un n=2,4, se usa en un ángulo de 45° y tiene un rango de trabajo de 20.000 a 650 cm^{-1}. La geometría de las placas de acero que sostienen estos cristales permiten que se muestree superficies planas de cualquier material, fibras, geles, biofilms, en este caso la placa es plana. Cuando se requieren muestrear polvos, líquidos o volátiles la placa utilizada contiene el cristal en una cavidad capaz de contener la muestra. Cuando las muestras son planas, por ejemplo superficies pintadas o recubiertas, o se analiza un polvo, es indispensable el uso de un accesorio que sirve para presionar la muestra contra la superficie del cristal y asegurar el contacto, ya que de esto depende que la onda evanescente pase por la muestra o por los espacios entre el cristal y esta. La presión que se ejerce sobre la muestra se regula con un tornillo de torque que controla la presión digitalmente.

Esta alternativa a la Espectroscopía de IR tradicional permite el análisis de casi cualquier tipo de muestra sin preparación alguna. Una desventaja a destacar es la cantidad de muestra necesaria. Dado que la onda evanescente penetra alrededor de un micrómetro fuera del cristal, la superficie de muestreo debe ser lo mayor posible para aumentar el número de reflexiones internas y consiguientemente la atenuación del haz. Este inconveniente es sorteado en la actualidad por módulos de ATR que contienen un disco de diamante que focaliza las múltiples reflexiones aumentando la sensibilidad de la medición, disminuyendo considerablemente la superficie de muestra requerida para el análisis.

Microscopía de Barrido Electrónico y Espectroscopía de Energía Dispersiva por Rayos X

La Microscopía de Barrido Electrónico (SEM) es una técnica utilizada para el análisis de la topografía y morfología de superficies en la escala de micrones. En la actualidad los instrumentos SEM poseen resolución por debajo de 1 μm.

Esta técnica se fundamenta en la aceleración de electrones de alta energía (1-50 keV) desde un emisor, por ejemplo un filamento de tungsteno o LaB_6, que funciona como cátodo hacia una muestra conductora que actúa como ánodo. El haz de electrones es focalizado y direccionado en su trayecto por lentes condensadoras magnéticas y bobinas de barrido, las que orientan el haz en los ejes x e y para lograr el barrido de toda la superficie de muestreo secuencialmente. La muestra, en alto vacio, puede ser posicionada para analizar diferentes zonas, incluso desde diferentes ángulos, a las que el mero barrido de posición del haz de electrones no tendría alcance.

Cuando el haz impacta la muestra ocurre la dispersión del mismo, en la que se pueden dar fenómenos elásticos, donde los electrones mantienen la energía con la que colisionaron la superficie y son retrodispersados, e interacción inelástica donde estos pierden parte de la energía que contenían. Esta pérdida de energía generará electrones secundarios, electrones Auger y fluorescencía de rayos X. En SEM son los electrones secundarios los que aportan la mayor parte de la información para la generación de una imagen, aunque también pueden ser detectados los electrones retrodispersados. Estos son formados por la interacción (transferencia de energía) de los electrones de alta energía del haz y los electrones de baja energía de la banda de conducción de la muestra, generalmente de la capa K. Dada su baja energía, alrededor 5 eV, solo los provenientes de la superficie de la muestra llegan al detector, por lo que la información obtenida es meramente topográfica. Debido a su baja energía es necesaria su aceleración para la posterior detección con un cristal centellador. Toda la cámara se encuentra en alto vacío ya que la presencia de gases en esta no solo es perjudicial para los emisores de electrones, sino también para la detección de los electrones secundarios los que serían atenuados en su trayectoria al detector. Siendo la muestra conductora mayor será la probabilidad de generación de electrones secundarios. Es importante mencionar que el diámetro del haz retrodispersado, junto con los electrones secundarios generados, es mucho mayor al diámetro del haz incidente. Así la resolución de la imagen en un SEM es inversamente proporcional al diámetro del haz de electrones proveniente de la muestra.

Cuando las muestras de interés no son conductoras puede recurrirse al recubrimiento con oro. Este recubrimiento es de unos pocos nanómetros, a fin de no enmascarar detalles de la muestra, puede realizarse por evaporación al vacío o electro deposición entre otras técnicas. La conductividad de la muestra también ayuda a disipar el calor y evitar la degradación térmica, a lo que son sensibles muchas muestras de origen biológico. Existen SEM que no necesitan que la muestra sea conductora, son los llamados SEM Ambientales o ESEM por sus siglas en Ingles. En estos el vacío solo se mantiene en el camino óptico del haz de electrones hasta su direccionamiento. La muestra se halla en un recinto con presión de alrededor de 1 a 50 Torr y alta humedad relativa (hasta 100%), lo que hace necesario un detector capaz de trabajar en presencia de vapor de agua.

Durante el bombardeo electrónico electrones de las capas internas de los átomos de la muestra pueden ser arrancados de sus órbitas y dar lugar a un hueco en dicho orbital. Cuando esto sucede un electrón de una capa más externa migra para ocupar su lugar liberando el exceso de energía por medio de un fotón característico a la diferencia de energía entre los niveles electrónicos del elemento de procedencia. La detección de este fotón da lugar a la Espectroscopía de Energía Dispersiva por Rayos X (EDX). Esta técnica es utilizada para obtener información cuali-cuantitativa de la composición elemental de la superficie muestreada. Usualmente esta técnica aprovecha el haz de electrones proveniente de la fuente de SEM para generar el haz de fotones que será detectado por el detector del EDX. Estos equipos suelen tener como detector un espectrómetro de energía dispersiva o un detector de longitud de onda dispersiva.

EDX permite la identificación sencilla de elementos ya que las transiciones electrónicas: $2p_{3/2,\,1/2} \rightarrow 1s$ (línea $K_{\alpha 1,\,2}$), $3d_{5/2,\,3/2} \rightarrow 2p_{3/2}$ (línea $L_{\alpha 1,\,2}$) y $4f_{7/2,\,5/2} \rightarrow 3d_{5/2}$ (línea $M_{\alpha 1,\,2}$) son más probables para elementos de Z bajos, medios y altos respectivamente. Mediante la imagen obtenida por SEM se puede sectorizar la superficie a analizar y conocer diferencias de composición de zonas muy cercanas. La cuantificación se realiza por comparación con un material de referencia. Los límites de detección se encuentran entre 0,01 y 0,1%, lo que hace que EDX no sea una técnica para el análisis de trazas. Por otra parte en átomos de Z bajo la cuantificación pierde precisión por la alta probabilidad de generación de electrones Auger en vez de fotones de rayos X.

En el análisis de superficies la información obtenida siempre implica volumen. Esto significa que además del área investigada se debe tener en cuenta la penetración del haz utilizado para el muestreo. La distancia total que un electrón viaja en su trayectoria puede expresarse como:

$$R = 0{,}064\frac{(E_0^{1,68} - E_c^{1,68})}{\rho} \qquad (3)$$

donde R es el rango (o distancia), E_0 es la energía cinética inicial (keV), E_c la energia crítica necesaria para excitar un estado electrónico (keV) y ρ la densidad del sólido (g/cm^3). Esta expresión muestra que la trayectoria de un electrón en un sólido es de micrones y que a menor densidad mayor será la distancia recorrida. Este factor es importante en muestras de materiales biológicos, biopolímeros o materiales inorgánicos, como por ejemplo polisacáridos o dióxido de silicio. Si la superficie a analizar es poco densa y de pocos micrones de espesor el haz de electrones interaccionará no solo con esta sino también con el material en el cual este apoyada, revelando en el espectro de EDX elementos provenientes del soporte.

Microscopía de Fuerza Atómica

Las Microscopías de Escaneo por Sondas (SPM) son una familia de técnicas microscópicas utilizadas para el estudio tanto de la topografía superficial de materiales así como de sus propiedades fisicoquímicas desde el nivel atómico hasta el nivel micrométrico. Las técnicas más difundidas de SPM son la Microscopía de Barrido por Efecto Túnel (STM) y la Microscopía de Fuerza Atómica (AFM). Sus nombres se deben, básicamente, a las interacciones que son testeadas para generar las imágenes microscópicas. Estas interacciones se dan entre los átomos de la punta de una sonda (aguja micrométrica) posicionada muy cerca de la muestra y los átomos de la propia muestra. En STM se mide la corriente de efecto túnel y en AFM las fuerzas de repulsión o atracción entre la sonda y la muestra. Dado que la técnica de AFM no necesita que la muestra sea conductora, como en STM donde esto es fundamental para que exista efecto túnel apreciable, esta puede ser utilizada en el análisis de amplia variedad de muestras, desde materiales no conductores hasta células y virus, e incluso moléculas de ADN. En los próximos párrafos se describirá en detalle la técnica de AFM.

En la figura 3 se muestra un esquema de un típico instrumento de AFM. En esta figura se puede ver la sonda (o tip), de unos pocos micrones de largo y generalmente menos de 100 Å de diámetro. Esta se ubica en el extremo de un brazo flexible o semirrígido de 100 a 200 μm de largo. Existen sondas de variadas geometrías de punta, por ejemplo piramidal, cónica, cilíndrica, etc. Se fabrican sobre materiales como dióxido de silicio (SiO_2) o nitruro de silicio (Si_3N_4). Durante el muestreo la sonda se ubica a una cierta distancia de la muestra, que depende del modo de muestro utilizado, sin tocar la superficie de la muestra.

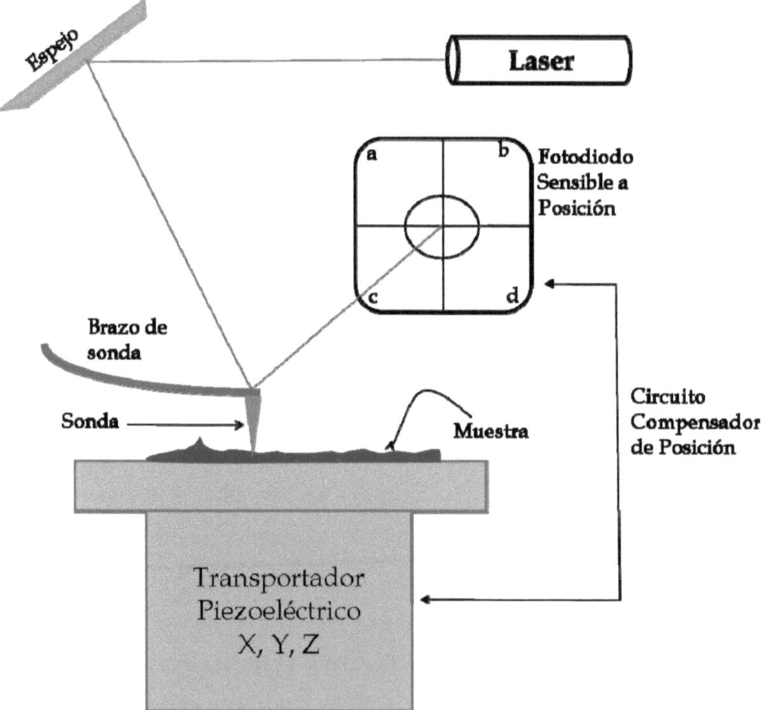

Figura 3: Esquema de un instrumento de AFM.

La muestra, colocada por debajo de la sonda, se mueve linealmente ayudada por un transportador piezoeléctrico sobre el cual se encuentra ubicada. Los transportadores piezoeléctricos responden a la aplicación de un potencial eléctrico variando su geometría. Posicionando el piezoeléctrico de la manera adecuada y aplicando un potencial conocido puede lograrse que la deformación del mismo se produzca a una velocidad controlada y en la dirección deseada, de esta manera la muestra se transporta controladamente por debajo de la sonda. Existen microscopios, cuyo diseño es inverso al antes mencionado, donde el transportador piezoeléctrico traslada la sonda sobre la superficie.

La posición de la sonda (o la vibración de esta) se ve influenciada por los cambios topográficos de la muestra que va corriendo por debajo de esta y producen la flexión de la misma. La variación de la distancia interatómica (sonda-muestra) provoca cambios en las fuerzas de interacción, por lo general asociadas con fuerzas de van der Waals, expresándose este cambio en variaciones de repulsión o atracción de la muestra a la sonda. Como se muestra en la figura 3, un haz laser enfocado sobre la punta del brazo que sostiene la sonda se refleja sobre un fotodiodo sensible a la posición del haz incidente. Cuando la sonda, ya por atracción o repulsión, varia su posición en el eje Z, el haz reflejado cambia la posición incidente en el fotodiodo. Estos cambios en el sistema, posición del haz y del piezoeléctrico, generan una señal integrada que da lugar a una imagen topográfica de la superficie. El fotodiodo sensible a posición en sí es capaz de detectar desplazamientos del a haz tan chicos como 10 Å. Así, las variables de: 1-paso óptico desde la zona de reflexión en el borde del brazo hacia el detector y 2-el largo de este brazo, se traducen en una amplificación mecánica que permite que el sistema detecte desplazamientos en el nivel sub-angstrom. La magnitud y signo (atracción o repulsión) del desplazamiento esta dado por la flexión del brazo y su constante de resorte (o constante de rigidez).

Variaciones en la técnica con que se realiza el barrido y la distancia de la punta de la sonda a la superficie de la muestra dan lugar a los diferentes modos de muestreo, los que pueden englobarse en tres grupos: Modo de Contacto, Modo de Contacto Intermitente y Modo de No Contacto.

En el Modo de Contacto, también conocido como de Repulsión, la sonda se ubica a una pequeña distancia de la muestra, menor a 5 Å, y el brazo que la sostiene posee una constante de resorte baja. Esta constante debe ser menor que la constante de resorte efectiva que mantiene unidos los átomos de la muestra.

A medida que dos átomos se acercan estos comienzan a atraerse. A la distancia sonda-muestra en la que trabaja el Modo de Contacto las nubes electrónicas comienzan a repelerse y las fuerzas de van der Waals se hacen positivas y existe repulsión (figura 4). Al equilibrarse la fuerza de compresión ejercida por la sonda, típicamente 10^{-7}-10^{-6} N, y la fuerza de repulsión ejercida por la muestra la sonda alcanza una posición constante.

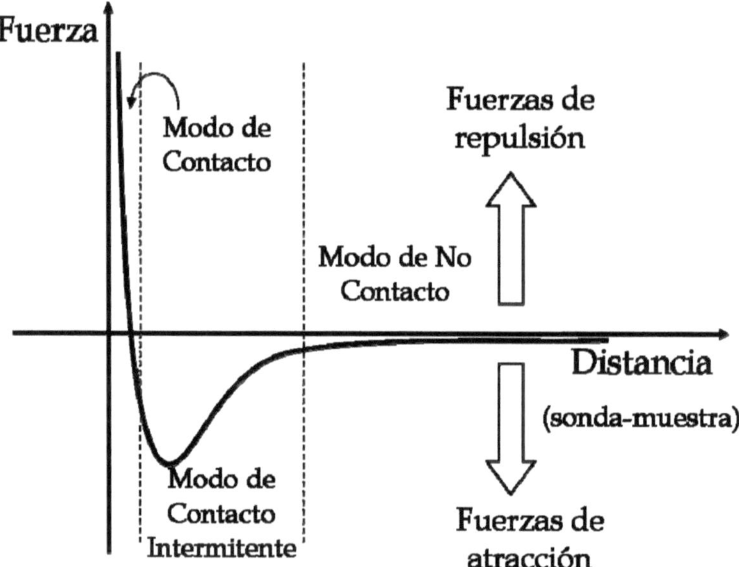

Figura 4: Diagrama de fuerzas de repulsión y atracción en función de la distancia atómica.

En su trayectoria por la muestra la sonda variará su posición frente a los cambios topográficos de esta. Para que la imagen sea generada digitalmente existen dos modos de operación: altura constante y fuerza constante. En el modo de altura constante se fija una separación sonda-muestra inicial y a medida que se barre la superficie de la muestra se permite que la sonda varíe su posición en el eje Z de acuerdo con los cambios topográficos, creándose una imagen digital línea a línea utilizando como datos los puntos en el plano X-Y recogidos por la posición del piezoeléctrico y en Z por la posición del haz reflejado punto a punto. En el modo de fuerza constante se fija en el detector la posición inicial de la flexión del brazo de la sonda, la cual está relacionada con una fuerza de repulsión determinada, en otras palabras un desplazamiento de de la sonda de su posición original. La fuerza que ejerce la sonda está dada por la ley de Hooke y se representa por la ecuación del resorte que puede expresarse como:

$$F = -k.\Delta x \qquad (4)$$

donde F es la fuerza que ejerce la sonda (N), k es la constante de resorte (N/m) y Δx es el desplazamiento (m) del extremo del brazo que sostiene la sonda de su posición original. A medida que se barre la superficie de la muestra está fuerza debe permanecer constante, por lo que la posición inicial del haz en el detector debe permanecer constante, lo que se logra desplazando el transportador piezoeléctrico en el eje Z en cuanto una pequeña variación de la posición inicial del haz es detectada. De esta manera la imagen se genera utilizando los datos recolectados de la posición del piezoeléctrico en el plano X-Y y en Z punto a punto.

En el Modo de No Contacto el brazo de la sonda se hace vibrar a una distancia entre 10 y 100 Å de la muestra. A esta distancia las fuerzas de van der Waals expresadas son de atracción (figura 4), pero en este caso son del orden de 10^{-12} N. Esta pequeña fuerza es útil para medir muestras blandas o elásticas. En estos casos, para contrarrestar las fuerzas de atracción, los brazos de sonda son más rígidos con una constante de resorte mayor. Así, por las pequeñas fuerzas en juego y la rigidez del brazo de sonda, las variaciones de señal en el Modo de

No contacto es pequeña. Este inconveniente se evita utilizando la técnica de vibración de la sonda. En esta el brazo de sonda se hace vibrar cerca de su frecuencia de resonancia (≈100-400 kHz) con una amplitud de 10 a 100 Å. Luego el detector censa variaciones en la frecuencia de resonancia o la amplitud de vibración del brazo. La detección de estas variaciones permite que se detecte cambios topográficos de la muestra al nivel de sub-angstrom.

La interacción entre la frecuencia de resonancia y los cambios en la superficie de la muestra pueden explicarse con la ecuación que determina la frecuencia de oscilación del brazo de sonda:

$$\nu = \frac{1}{2\pi}\sqrt{\frac{k}{m}} \tag{5}$$

donde ν es la frecuencia de oscilación del brazo, m es su masa y k la constante de resorte. En su trayectoria de oscilación la sonda se enfrenta al gradiente de fuerzas relacionado con la distancia sonda-muestra en cada momento. La constante de resorte varía su magnitud con el gradiente de fuerzas. Así, variaciones en el gradiente de fuerzas ejercidos sobre la sonda, debidos a la topografía de la muestra, se reflejarán en la frecuencia de resonancia.

Como en el Modo de Contacto, existen dos modos de operación para la detección. En el modo de gradiente variable (equivalente al de altura constante en Contacto) los cambios en la frecuencia o amplitud de resonancia, en la trayectoria de la sonda por la muestra, pueden traducirse como serie de datos en el eje Z que brindarán información de la topografía de la muestra. En el modo gradiente constante las variaciones en la frecuencia o amplitud de resonancia son detectadas y automáticamente compensadas por desplazamientos en el eje Z por parte del piezoeléctrico. Estos desplazamientos son tomados en cuenta para la generación de la imagen topográfica.

En el Modo de Contacto Intermitente la distancia sonda-muestra es intermedia entre los otros dos modos y es típicamente entre 5 y 20 Å. En esta, como en el Modo de No Contacto, se utiliza la técnica de vibración de la sonda y posee los mismos modos de detección que ella. Este modo es conocido también como repiqueteo (o Tapping). El mismo, como lo indica la figura 4, también opera a una distancia interatómica en donde fuerzas de atracción se expresan mayoritariamente. Esta técnica es muy utilizada ya que carece de las desventajas de los otros dos modos y suma las ventajas de ambos. Este tiene menos probabilidades de alterar la muestra, lo que sucede a menudo en el modo de Contacto, permitendo el análisis de muestras blandas. A su vez el de Contacto Intermitente permite muestrear zonas amplias que pueden incluir grandes cambios de altura, lo que no es posible con el de No Contacto. Esta técnica es muy utilizada para la determinación de muestras biológicas.

La mayoría de las determinaciones se realiza bajo un flujo de nitrógeno que permite que las muestras no adsorban agua del ambiente. Actualmente están disponibles comercialmente microscopios que posibilitan el análisis de muestras sumergidas en fase líquida.

Existen variaciones de esta técnica como las microscopías de fuerza lateral (LFM), fuerza magnética (MFM) o de fuerza química (CFM). En esta última se pueden tomar imágenes diferenciales por medio de la derivatización química de la sonda, por ejemplo con anticuerpos, y de esta manera obtener información de ubicación de un antígeno, proteína, receptor, etc, por ejemplo en la superficie de una célula.

Bibliografía del Apéndice: Meyer, 1992; Hirschmugl, 2002; Rochat, *et al.*, 2003; Cao, 2004; Kellner, *et al.*, 2004; Skoog, *et al.*, 2008.

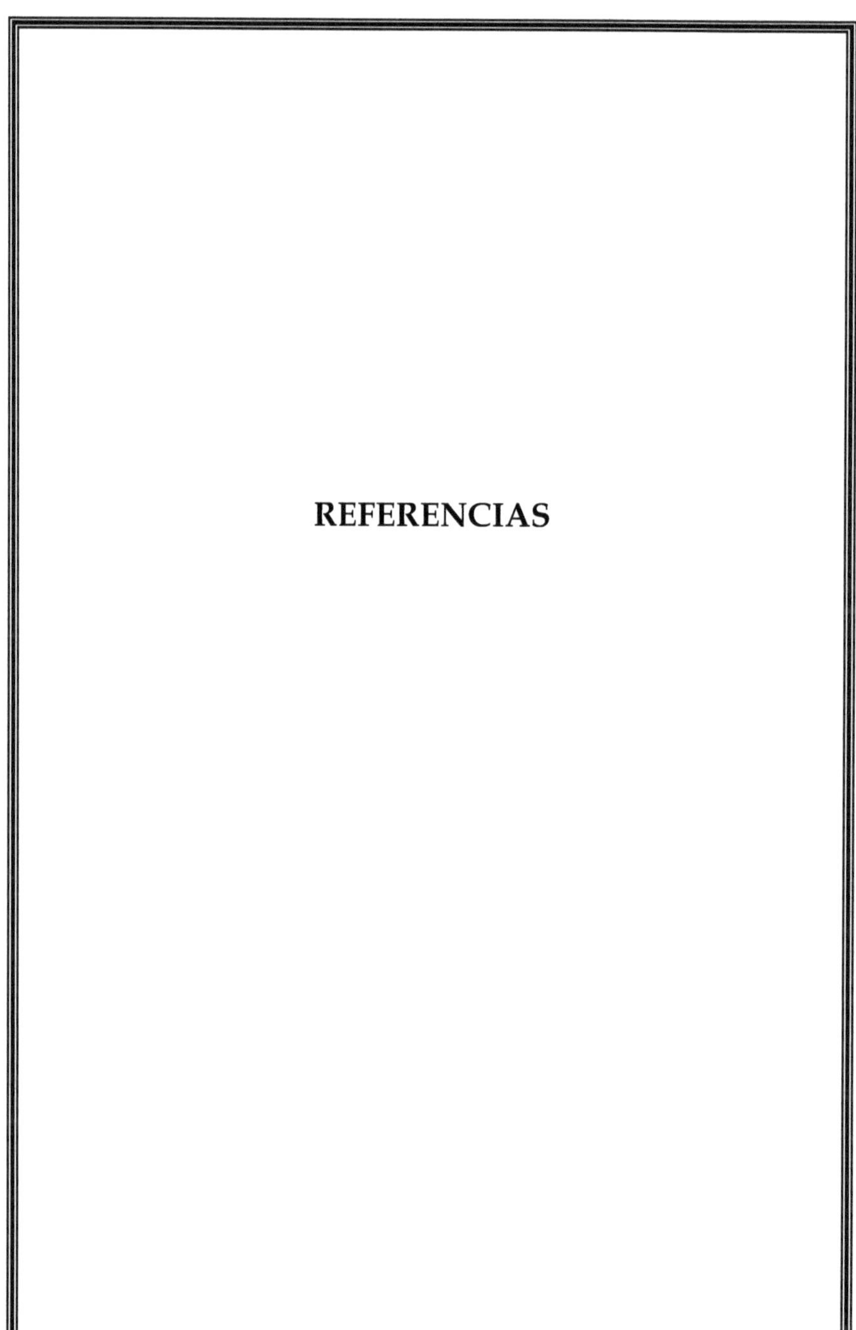

REFERENCIAS

Referencias

Altstein, M., Bronshtein, A., Glattstein, B., Zeichner, A., Tamiri, T., Almog, J., **2001**. Immunochemical approaches for purification and detection of TNT traces by antibodies entrapped in a sol-gel matrix. *Anal Chem*, 73, 11, 2461.

Alvarez, G.S., Desimone, M.F., Díaz, L.E., **2007**. Immobilization of bacteria in silica matrices using citric acid in the sol-gel process. *Appl Microbiol Biotechnol*, 73, 5, 1059.

Alvarez, M., Cerisola, J.A., Rohwedder, R.W., **1968**. Immunofluorescence test in the diagnosis of Chagas' diseases. *Bol Chil Parasitol*, 23, 1, 4.

Allabashi, R., Arkas, M., Hormann, G., Tsiourvas, D., **2007**. Removal of some organic pollutants in water employing ceramic membranes impregnated with cross-linked silylated dendritic and cyclodextrin polymers. *Water Res*, 41, 2, 476.

Andrews, N.W., Colli, W., **1982**. Adhesion and interiorization of *Trypanosoma cruzi* in mammalian cells. *J Protozool*, 29, 2, 264.

Anonymous, **1998a**. Antibacterial finishes on textile materials: an assessment: Test method 100-1993: American Association of Textile Chemists and Colorists, AATCC. en: AATCC (Ed), AATCC technical manual. 1ra ed. pag. 143.

Anonymous, **1998b**. Antibacterial finishes on textile materials: parallel streak method: Test method 147-1993: American Association of Textile Chemists and Colorists, AATCC. en: AATCC (Ed), AATCC technical manual. 1ra ed. pag. 253.

Anonymous, **2001**. Antimicrobial products-test for antimicrobial activity and efficacy: JIS 2801:2000 : Japanese Industrial Standard, JIS. 1ra ed.

Badini, G.E., Grattan, K.T.V., Tseung, A.C.C., Palmer, A.W., **1996**. Sol-Gel Properties for Fiber Optic Sensor Applications. *Opt Fiber Technol*, 2, 4, 378.

Bailey, S.E., Olin, T.J., Bricka, R.M., Adrian, D.D., **1999**. A review of potentially low-cost sorbents for heavy metals. *Water Res*, 33, 11, 2469.

Bard, A., Faulkner, L., **1980**. Electrochemical Methods. 1ra ed. John Wiley & Sons, Inc, New York.

Benz, M., Gutsmann, T., Chen, N., Tadmor, R., Israelachvili, J., **2004**. Correlation of AFM and SFA measurements concerning the stability of supported lipid bilayers. *Biophys J*, 86, 2, 870.

Berman, E., **1980a**. Cadmium. en: L.C. Thomas (Ed), Toxic Metals and their Analysis. 1ra ed. Heyden & Sons, London, pag. 65.

Berman, E., **1980b**. Chromium. en: L.C. Thomas (Ed), Toxic Metals and their Analysis. 1ra ed. Heyden & Sons, London, pag. 67.

Berman, E., **1980c**. Lead. en: L.C. Thomas (Ed), Toxic Metals and their Analysis. 1ra ed. Heyden & Sons, London, pag. 117.

Berman, E., **1980d**. Silicon. en: L.C. Thomas (Ed), Toxic Metals and their Analysis. 1ra ed. Heyden & Sons, London, pag. 191.

Berthelot, J.M., Maugars, Y., Audrain, M., Castagne, A., Prost, A., **1995**. Impact of using stored cells for immunofluorescence detection of antiperinuclear factor on sensitivity of the method for the diagnosis of rheumatoid arthritis. *Rev Rhum Engl Ed*, 62, 7-8, 507.

Block, S.S., **1983**. Quaternary ammonium compounds in disinfectants and antiseptics. en: (Ed), Surface active agents. 1ra ed. Lea & Febiger, Philadelphia, USA, pag. 263.

Boddu, V.M., Abburi, K., Talbott, J.L., Smith, E.D., **2003**. Removal of hexavalent chromium from wastewater using a new composite chitosan biosorbent. *Environ Sci Technol*, 37, 19, 4449.

Bond, R., McAuliffe, J., **2003**. Silicon Biotechnology: New Opportunities for Carbohydrate Science. *Aust J Chem*, 56, 7.

Boninsegna, S., Bosetti, P., Carturan, G., Dellagiacoma, G., Dal Monte, R., Rossi, M., **2003**. Encapsulation of individual pancreatic islets by sol-gel SiO_2: a novel procedure for perspective cellular grafts. *J Biotechnol*, 100, 3, 277.

Bottcher, H., Jagota, C., Trepte, J., Kallies, K.H., Haufe, H., **1999**. Sol-gel composite films with controlled release of biocides. *J Control Release*, 60, 1, 57.

Bottcher, H., Soltman, U., Mertig, M., Pompe, W., **2004**. Biocers: ceramics with incorporated microorganisms for biocatalytic, biosorptive and functional materials development. *J Mater Chem*, 14, 3176.

Braun, S., Rappoport, S., Zusman, R., Avnir, D., Ottolenghi, M., **1990**. Biochemically active sol-gel glasses. The trapping of enzymes. *Mat Lett*, 10, 1-2, 1.

Brinker, C., Scherer, G., **1990**. Sol-Gel science. 1ra ed. Academic Press, San Diego CA.

Burriel Martí, F., Lucena, F., Arribas, S., Hernández, J., **1989**. Química Analítica Cualitativa. 13ra ed. Paraninfo, Madrid.

Cagnol, F., Grosso, D., Soler-Illia, G., Crepaldi, E., Babonneau, F., Amentisch, H., Sanchez, C., **2003**. Humidity-controlled mesostructuration in CTAB-templated silica thin film processing. The existence of a modulable steady state. *J Mat Chem*, 13, 61.

Calvo, A., Angelomé, P.C., Sánchez, V.M., Scherlis, D.A., Williams, F.J., Soler-Illia, G.J.A.A., **2008**. Mesoporous Aminopropyl-Functionalized Hybrid Thin Films with Modulable Surface and Environment-Responsive Behavior. *Chem Mat*, 20, 14, 4661.

Cao, G.H., **2004**. Nanoestructures and Nanomaterials. 1ra ed. Imperial College Press, London.

Carturan, G., Dal Monte, R., Pressi, G., Secondin, S., Verza, P., **1998**. Production of Valuable Drugs from Plant Cells Immobilized by Hybrid Sol-Gel SiO_2. *J Sol-Gel Sci Tech*, 13, 273.

Carturan, G., Dal Toso, R., Boninsegna, S., Dal Monte, R., **2004**. Encapsulation of functional cells by sol-gel silica: Actual progress and perspectives for cell therapy. *J Mater Chem*, 14, 14, 2087.

Cervera, M.L., Arnal, M.C., de la Guardia, M., **2003**. Removal of heavy metals by using adsorption on alumina or chitosan. *Anal Bioanal Chem*, 375, 6, 820.

Cestari, A.R., Vieira, E.F., Pinto, A.A., Lopes, E.C., **2005**. Multistep adsorption of anionic dyes on silica/chitosan hybrid. 1. Comparative kinetic data from liquid- and solid-phase models. *J Colloid Interface Sci*, 292, 2, 363.

Coradin, T., Livage, J., **2001**. Effect of some amino acids and peptides on silicic acid polymerization. *Colloids Surf B Biointerfaces*, 21, 4, 329.

Cortazar, J.F., **1963**. Rayuela. 1ra ed. Sudamericana, Buenos Aires.

Cotton, F.A., Wilkinson, G., **1980**. Advanced Inorganic Chemistry. 4ta ed. John Wiley & Sons, New York.

Crini, G., **2005**. Recent developments in polysaccharide-based materials used as adsorbents in wastewater treatment. *Prog Pol Sci*, 30, 38.

Crisafully, R., Milhome, M.A., Cavalcante, R.M., Silveira, E.R., De Keukeleire, D., Nascimento, R.F., **2008**. Removal of some polycyclic aromatic hydrocarbons from petrochemical wastewater using low-cost adsorbents of natural origin. *Bioresour Technol*, 99, 10, 4515.

Chernev, G., Samuneva, B., Djambaski, P., Salvado, I., Fernandes, H., **2006**. Silica hybrid nanocomposites. *Cen Eur J Chem*, 4, 1, 81.

Chiari, E., Camargo, E.P., **1984**. Culturing and cloning of *T. cruzi*. en: C.M. Morel (Ed), Genes and Antigens of Parasites. 1ra ed. Fundaçao Oswaldo Cruz, Rio de Janeiro, pag. 23.

Chiu, C.Y., Chen, Y.H., Huang, Y.H., **2007**. Removal of naphthalene in Brij 30-containing solution by ozonation using rotating packed bed. *J Hazard Mater*, 147, 3, 732.

D'Aquino, M., Rezk, R., **1995**. Desinfección: Desinfectantes, Desinfestantes, Limpieza. en: (Ed), Características de los agentes químicos desinfectantes. 1ra ed. E.U.DE.B.A, Buenos Aires, ARG, pag. 67.

da Fonseca, M.G., de Oliveira, M.M., Arakaki, L.N., Espinola, J.G., Airoldi, C., **2005**. Natural vermiculite as an exchanger support for heavy cations in aqueous solution. *J Colloid Interface Sci*, 285, 1, 50.

Desimone, M.F., **2005**. Tesis de Doctorado. Química de estado sol-gel una alternativa a la modificación química de superficies. Tecnología de recubrimiento y atrapamiento de biomoléculas y microorganismos. Química Analítica Instrumental, Universidad de Buenos Aires, Buenos Aires, pags. 122.

Desimone, M.F., De Marzi, M.C., Copello, G.J., Fernandez, M.M., Malchiodi, E.L., Díaz, L.E., **2005**. Efficient preservation in a silicon oxide matrix of *Escherichia coli*, producer of recombinant proteins. *Appl Microbiol Biotechnol*, 68, 6, 747.

Desimone, M.F., De Marzi, M.C., Copello, G.J., Fernandez, M.M., Pieckenstain, F.L., Malchiodi, E.L., Díaz, L.E., **2006**. Production of recombinant proteins by sol–gel immobilized *Escherichia coli*. *Enzyme Microb Tech*, 40, 168.

Desimone, M.F., Degrossi, J., D'Aquino, M., Díaz, L.E., **2002**. Ethanol tolerance in free and sol-gel immobilised *Saccharomyces cerevisiae*. *Biotechnol Lett*, 24, 1557.

Desimone, M.F., Degrossi, J., D'Aquino, M., Díaz, L.E., **2003**. Sol-gel immobilisation of *Saccharomyces cerevisiae* enhances viability in organic media. *Biotechnol Lett*, 25, 9, 671.

Desimone, M.F., Matiacevich, S.B., Buera, M.d.P., Díaz, L.E., **2008**. Effects of relative humidity on enzyme activity immobilized in sol-gel-derived silica nanocomposites *Enzyme Microb Tech*, 42, 7, 583.

Dickey, F.H., **1955**. Specific adsorption. *J Phys Chem*, 59, 695.

Domagk, G., **1935**. A new class of disinfectants. *Dtsch Med Wochensche*, 61, 829.

Dostoievski, F.M., **2004**. El Adolescente. 5ta ed. Editorial Juventud, Barcelona.

Durjava, M.K., ter Laak, T.L., Hermens, J.L., Struijs, J., **2007**. Distribution of PAHs and PCBs to dissolved organic matter: high distribution coefficients with consequences for environmental fate modeling. *Chemosphere*, 67, 5, 990.

Evans, J.R., Davids, W.G., MacRae, J.D., Amirbahman, A., **2002**. Kinetics of cadmium uptake by chitosan-based crab shells. *Water Res*, 36, 13, 3219.

Foo, C.W., Huang, J., Kaplan, D.L., **2004**. Lessons from seashells: silica mineralization via protein templating. *Trends Biotechnol*, 22, 11, 577.

Frank, F.M., Fernandez, M.M., Taranto, N.J., Cajal, S.P., Margni, R.A., Castro, E., Thomaz-Soccol, V., Malchiodi, E.L., **2003**. Characterization of human infection by *Leishmania* spp. in the Northwest of Argentina: immune response, double infection with *Trypanosoma cruzi* and species of *Leishmania* involved. *Parasitology*, 126, Pt 1, 31.

Gardner, J.F., Peel, M.M., **1986**. Introduction to sterilization and disinfection. 1ra ed. Churchill Livington, Melbourne, AUS.

Gill, I., Ballesteros, A., **2000**. Bioencapsulation within synthetic polymers (Part 1): sol-gel encapsulated biologicals. *Trends Biotechnol*, 18, 7, 282.

Giorgieri, S., Pañak, K., Ruiz , O., Díaz, L.E., **1997**. Monitoreo rápido de aniones y cationes en aguas minerales comerciales mediante el uso de la electroforesis capilar zonal (ECZ). *Industria y Química*, 330, 1, 42.

Greenberg, A.E., Clesceri, L.S., Eaton, A.D., **1992**. Standard Methods for the Examination of Water and Wastewater. 18va ed. American Public Health Association, Washington.

Harlow, E., Lane, D., **1988**. Antibodies, A laboratory manual. 1ra ed. Cold spring Harbor Laboratory, New York.

Heegaard, N.H., Nilsson, S., Guzman, N.A., **1998**. Affinity capillary electrophoresis: important application areas and some recent developments. *J Chromatogr B Biomed Sci Appl*, 715, 1, 29.

Hench, L.L., West, J.K., **1990**. The sol-gel process. *Chem Rev*, 90, 1, 33.

Hirschmugl, C.J., **2002**. Frontiers in infrared spectroscopy at surfaces and interfaces. *Surf Sci*, 500, 1-3, 577.

Ho, Y.S., McKay, G., **2000**. The kinetics of sorption of divalent metal ions onto sphagnum moss peat. *Wat Res*, 34, 3, 735.

Iler, R.K., **1979**. The Chemistry of silica. 1ra ed. J Wiley, New York.

Jaffe, C.L., Grimaldi, G., Mc Mahon-Pratt, D., **1984**. The cultivation and cloning of *Leishmania*. en: C.M. Morel (Ed), Genes and antigens of parasites. 1ra ed. Fundaçao Oswaldo Cruz, Rio de Janeiro, pag. 43.

Jal, P.K., Patel, S., Mishra, B.K., **2004**. Chemical modification of silica surface by immobilization of functional groups for extractive concentration of metal ions. *Talanta*, 62, 5, 1005.

Jass, J., Tjarnhage, T., Puu, G., **2000**. From liposomes to supported, planar bilayer structures on hydrophilic and hydrophobic surfaces: an atomic force microscopy study. *Biophys J*, 79, 6, 3153.

Jeon, H.J., Yi, S.C., Oh, S.G., **2003**. Preparation and antibacterial effects of Ag-SiO_2 thin films by sol-gel method. *Biomaterials*, 24, 27, 4921.

Jonker, M.T., **2008**. Absorption of polycyclic aromatic hydrocarbons to cellulose. *Chemosphere*, 70, 5, 778.

Kawashita, M., Toda, S., Kim, H.M., Kokubo, T., Masuda, N., **2003**. Preparation of antibacterial silver-doped silica glass microspheres. *J Biomed Mat Res A*, 66, 2, 266.

Kellner, R., M., M.J., Otto, M., Valcárcel, M., Widmer, H.M., **2004**. Analytical Chemistry, A modern Approach to Analytical Science. 2da ed. Wiley-VCH, Weinheim.

Kickelbick, G., **2007**. Hybrid Materials. Synthesis, Characterization, and Applications. 1ra ed. Wiley-VCH Verlag GmbH & Co., Weinheim.

King, E.J., Belt, T.H., **1938**. The physiological and pathological aspects of silica. *Physiol Rev*, 18, 329.

Lee, S.B., Koepsel, R.R., Morley, S.W., Matyjaszewski, K., Sun, Y., Russell, A.J., **2004**. Permanent, nonleaching antibacterial surfaces. 1. Synthesis by atom transfer radical polymerization. *Biomacromolecules*, 5, 3, 877.

Lee, W., Park, K.S., Kim, Y.W., Lee, W.H., Choi, J.W., **2005**. Protein array consisting of sol-gel bioactive platform for detection of *E. coli* O157:H7. *Biosens Bioelectron*, 20, 11, 2292.

Livage, J., Coradin, T., Roux, C., **2001**. Encapsulation of biomolecules in silica gels. *J Phys: Condens Matter*, 13, 673.

Maatman, R., Kramer, A., **1968**. Electrolytes in High Surface Area Systems II. The Reaction between Aqueous Dichromate and Silica Gel. *J Physl Chem*, 72, 1, 104.

McKiernan, A.E., Ratto, T.V., Longo, M.L., **2000**. Domain growth, shapes, and topology in cationic lipid bilayers on mica by fluorescence and atomic force microscopy. *Biophys J*, 79, 5, 2605.

Meakin, P., **1986**. Dimensionalities for the harmonic and ballistic measures of fractal aggregates. *Phys Rev A*, 33, 2, 1365.

Meakin, P., Coniglio, A., Stanley, H.E., Witten, T.A., **1986**. Scaling properties for the surfaces of fractal and nonfractal objects: An infinite hierarchy of critical exponents. *Phys Rev A*, 34, 4, 3325.

Meyer, E., **1992**. Atomic force microscopy. *Prog Surf Sci*, 41, 1, 3.

Minamisawa, H., Okunugi, R., Minamisawa, M., Tanaka, S., Saitoh, K., Arai, N., Shibukawa, M., **2006**. Preconcentration and determination of cadmium by GFAAS after solid-phase extraction with synthetic zeolite. *Anal Sci*, 22, 5, 709.

Minamisawa, M., Minamisawa, H., Yoshida, S., Takai, N., **2004**. Adsorption behavior of heavy metals on biomaterials. *J Agric Food Chem*, 52, 18, 5606.

Muller, W.E., Krasko, A., Le Pennec, G., Schroder, H.C., **2003**. Biochemistry and cell biology of silica formation in sponges. *Microsc Res Tech*, 62, 4, 368.

Muroya, M., **1999**. Correlation between the formation of silica skeleton structure and Fourier transform reflection infrared absorption spectroscopy spectra. *Colloid Surface A*, 157, 147.

Muzzarelli, R., **1983**. Chitin and its derivatives: New trends of applied research. *Carbohyd Polym*, 3, 1, 53.

Myers, D., **1999**. Surfaces, Interfaces, and Colloids: Principles and Applications. 2da ed. John Wiley & Sons, Inc, New York.

Nablo, B.J., Rothrock, A.R., Schoenfisch, M.H., **2005**. Nitric oxide-releasing sol-gels as antibacterial coatings for orthopedic implants. *Biomaterials*, 26, 8, 917.

Nakagawa, T., Soga, M., **1999**. A new method for fabricating water repellent silica films having high heat-resistance using the sol-gel method. *J Non-Cryst Solids*, 260, 3, 167.

Nakajima, J., Fujinami, M., Oguma, K., **2004**. A novel separation and preconcentration method for traces of manganese, cobalt, zinc and cadmium using coagulation of colloidal silica. *Anal Sci*, 20, 12, 1733.

Nassif, N., Bouvet, O., Noelle Rager, M., Roux, C., Coradin, T., Livage, J., **2002**. Living bacteria in silica gels. *Nat Mater*, 1, 1, 42.

O'Donnell, M., Tang, K., Köster, H., Smith, C., Cantor, C., **1997**. High-density, covalente attachment of DNA to silicon wafers for analysis by MALDI-TOF mass spectrometry. *Anal Chem*, 69, 13, 2438.

Orel, B., Jese, R., Lavrencic Stangar, U., Grdadolnik, J., Puchberger, M., **2005**. Infrared attenuated total reflection spectroscopy studies of aprotic condensation of $(EtO)_3Si\text{-}R\text{-}Si(OEt)_3$ and $R\text{-}Si(OEt)_3$ systems with carboxylic acids. *J Non-Cryst Solids*, 351, 530.

Øye, G., Glomm, W.R., Vrålstad, T., Volden, S., Magnusson, H., Stöcker, M., Sjöblom, J., **2006**. Synthesis, functionalisation and characterisation of mesoporous materials and sol-gel glasses for applications in catalysis, adsorption and photonics. *Adv Colloid Interfac*, 123-126, 17.

Paranhos, H.F., da Silva, C.H., **2004**. Comparative study of methods for the quantification of biofilm on complete dentures. *Braz Oral Res*, 18, 3, 215.

Pierre, A.C., **1998**. Introduction To Sol-gel Processing. 1ra ed. Kluwer Academics Publishers, Boston.

Rashidova, S., Shakarova, D., Ruzimuradov, O.N., Satubaldieva, D.T., Zalyalieva, S.V., Shpigun, O.A., Varlamov, V.P., Kabulov, B.D., **2004**. Bionanocompositional chitosan-silica sorbent for liquid chromatography. *J Chromatogr B Analyt Technol Biomed Life Sci*, 800, 1-2, 49.

Real-Academia-Española, **1992**. Diccionario de la Lengua Española. 21ra ed. Espasa, Madrid.

Reddad, Z., Gerente, C., Andres, Y., Le Cloirec, P., **2002**. Adsorption of several metal ions onto a low-cost biosorbent: Kinetic and equilibrium studies. *Environ Sci Technol*, 36, 9, 2067.

Rezwan, K., Chen, Q., Blaker, J., Boccaccini, A., **2006**. Biodegradable and bioactive porous polymer/inorganic composite scaffolds for bone tissue engineering. *Biomaterials*, 27, 3413.

Rochat, N., Chabli, A., Bertin, F., Vergnaud, C., Mur, P., Petitdidier, S., Besson, P., **2003**. Infrared analysis of thin layers by attenuated total reflection spectroscopy. *Mat Sci Eng B*, 102, 16.

Roth, K.M., Zhou, Y., Yang, W., Morse, D.E., **2005**. Bifunctional small molecules are biomimetic catalysts for silica synthesis at neutral pH. *J Am Chem Soc*, 127, 1, 325.

Rusin, P., Bright, K., Gerba, C., **2003**. Rapid reduction of *Legionella pneumophila* on stainless steel with zeolite coatings containing silver and zinc ions. *Lett Appl Microbiol*, 36, 2, 69.

San Paulo, A., Garcia, R., **2000**. High-resolution imaging of antibodies by tapping-mode atomic force microscopy: attractive and repulsive tip-sample interaction regimes. *Biophys J*, 78, 3, 1599.

Schindler, P.W., Fürst, B., Dick, R., Wolf, P.U., **1976**. Ligand properties of surface silanol groups. I. surface complex formation with Fe^{3+}, Cu^{2+}, Cd^{2+}, and Pb^{2+}. *J Colloid Interface Sci*, 55, 2, 469.

Schottner, G., **2001**. Hybrid Sol-Gel-Derived Polymers: Applications of Multifunctional Materials. *Chem Mater*, 13, 10, 3422.

Schwarz, K., **1973**. A bound form of silicon in glycosaminoglycans and polyuronides. *Proc Natl Acad Sci U S A*, 70, 5, 1608.

Shchipunov, Y.A., **2003**. Sol-gel-derived biomaterials of silica and carrageenans. *J Colloid Interface Sci*, 268, 1, 68.

Shchipunov, Y.A., Karpenko, T.Y., Krekoten, A.V., Postnova, I.V., **2005a**. Gelling of otherwise nongelable polysaccharides. *J Colloid Interface Sci*, 287, 2, 373.

Shchipunov, Y.A., Kojima, A., Imae, T., **2005b**. Polysaccharides as a template for silicate generated by sol-gel processes. *J Colloid Interface Sci*, 285, 2, 574.

Skoog, D.A., Holler, F.J., Crouch, S.R., **2008**. Principios de Análisis Instrumental. 6ta ed. México, D. F.

Soylak, M., Cay, R.S., **2007**. Separation/preconcentration of silver(I) and lead(II) in environmental samples on cellulose nitrate membrane filter prior to their flame atomic absorption spectrometric determinations. *J Hazard Mater*, 146, 1-2, 142.

Suen, S.-Y., **1996**. A comparison of isotherm and kinetic models for binary-solute adsorption to affinity membranes. *J Chem Tech Biotechnol*, 65, 3, 249.

Sun, S.W., Yeh, P.C., **2005**. Analysis of rhubarb anthraquinones and bianthrones by microemulsion electrokinetic chromatography. *J Pharm Biomed Anal*, 36, 5, 995.

ter Laak, T.L., Durjava, M., Struijs, J., Hermens, J.L., **2005**. Solid phase dosing and sampling technique to determine partition coefficients of hydrophobic chemicals in complex matrixes. *Environ Sci Technol*, 39, 10, 3736.

Tsai, H.C., Doong, R.A., **2007**. Preparation and characterization of urease-encapsulated biosensors in poly(vinyl alcohol)-modified silica sol-gel materials. *Biosens Bioelectron*, 23, 1, 66.

Tsalev, D.L., **1995**. Atomic Absorption Spectrometry in Occupational and Environmental Health Practice. ed. CRC Press, Boca Raton, Florida.

Tsalev, D.L., Slaveykova, V.I., **1998**. Chemical modification in electrothermal atomic absorption spectrometry. en: J. Sneddon (Ed), Advances in Atomic Spectroscopy. 1ra ed. JAI Press Inc., Greenwich, Connecticut, pag. 27.

Tshabalala, M., Kingshott, P., Van Landingham, M., Plackett, D., **2003**. Surface chemistry and moisture sorption properties of wood coated with multifunctional alkoxysilanes by sol-gel process. *J Appl Polym Sci*, 88, 2828.

Wang, D., Bierwagen, G.P., **2008**. Sol-gel coatings on metals for corrosion protection. *Prog Org Coat*, doi: 10.1016/j.pogcoat.2008.08.010,

Watarai, H., **1997**. Microemulsions in separation sciences. *J Chromatogr A*, 780, 93.

Weast, R.C., Astle, M.J., **1981**. CRC Handbook of Chemistry and Physics. 62da ed. CRC Press, Florida.

Weiping, Q., Bin, X., Lei, W., Chunxiao, W., Danfeng, Y., Fang, Y., Chunwei, Y., Yu, W., **1999**. Controlled Site-Directed Assembly of Antibodies by Their Oligosaccharide Moieties onto APTES Derivatized Surfaces. *J Colloid Interface Sci*, 214, 1, 16.

Wen, J., Wilkes, G.L., **1996**. Organic/Inorganic hybrid network materials by the sol-gel approach. *Chem Mat*, 8, 1667.

Wood, R.M., Jue, R.J., Coffey, E.M., **1969**. Room temperature storage of *Treponema pallidum* on microscope slides for use in the FTA-ABS test. *Appl Microbiol*, 17, 2, 335.

Zwirner, N.W., Malchiodi, E.L., Chiaramonte, M.G., Esteva, M., Fossati, C.A., **1992**. Caracterización de un antigeno de *Trypanosoma cruzi* purificado con anticuerpos monoclonales. Utilidad diagnóstica y análisis de su inmunogenicidad. *Inmunología*, 11, 120.

Zwirner, N.W., Malchiodi, E.L., Chiaramonte, M.G., Fossati, C.A., **1994**. A lytic monoclonal antibody to *Trypanosoma cruzi* bloodstream trypomastigotes which recognizes an epitope expressed in tissues affected in Chagas' disease. *Infect Immun*, 62, 6, 2483.

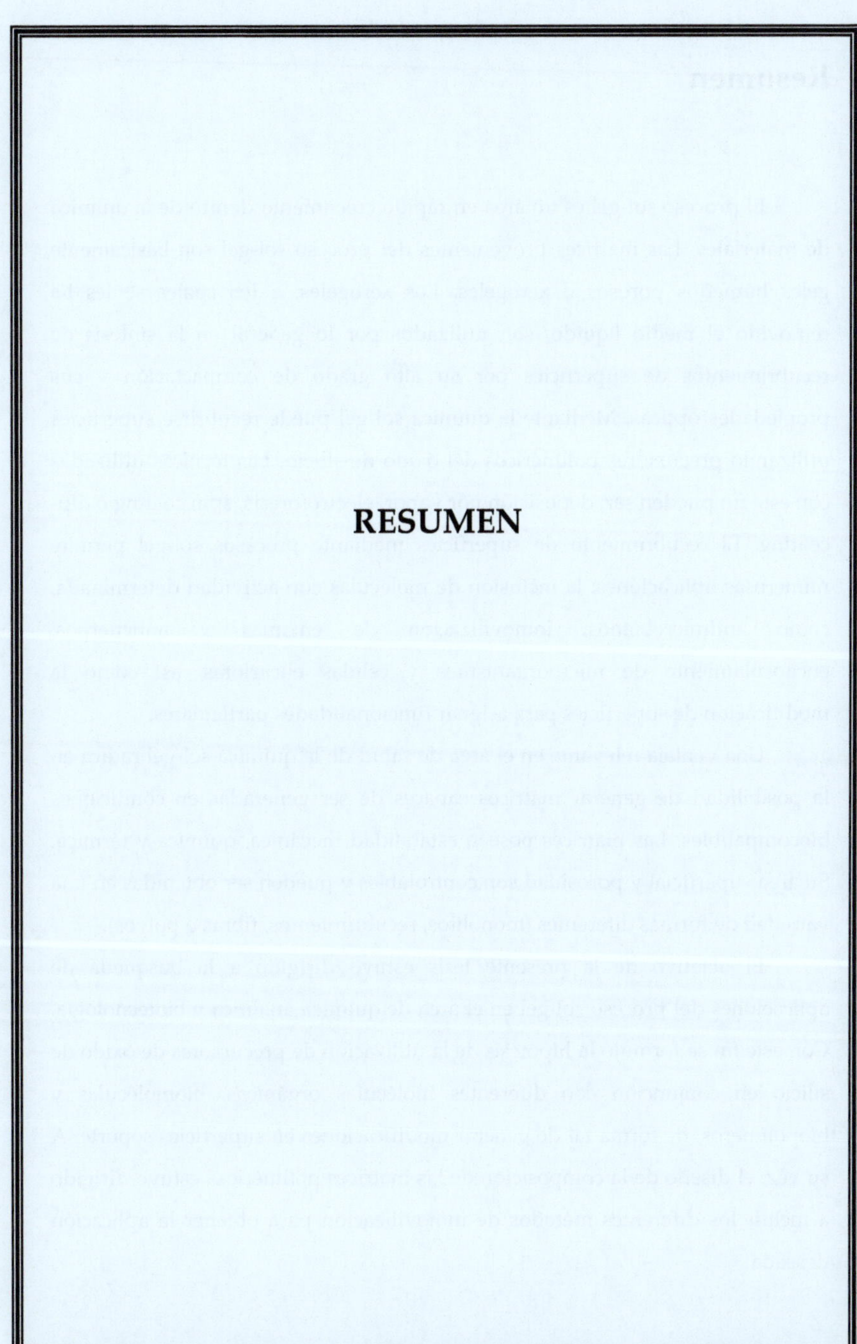

RESUMEN

Resumen

El proceso sol-gel es un área en rápido crecimiento dentro de la química de materiales. Las matrices provenientes del proceso sol-gel son básicamente geles húmedos porosos o xerogeles. Los xerogeles, a los cuales se les ha removido el medio líquido, son utilizados por lo general en la síntesis de recubrimientos de superficies por su alto grado de compactación y sus propiedades ópticas. Mediante la química sol-gel puede recubrirse superficies utilizando precursores poliméricos del óxido de silicio. Las técnicas utilizadas con este fin pueden ser: deposición por vapor, electroforesis, spin coating o dip-coating. El recubrimiento de superficies mediante procesos sol-gel permite numerosas aplicaciones: la inclusión de moléculas con actividad determinada, como antimicrobianos, inmovilización de enzimas y anticuerpos, encapsulamiento de microorganismos y células eucariotas, así como la modificación de superficies para asignar funcionalidades particulares.

Una ventaja relevante en el área de salud de la química sol-gel radica en la posibilidad de generar matrices capaces de ser generadas en condiciones biocompatibles. Las matrices poseen estabilidad mecánica, química y térmica. Su área superficial y porosidad son controlables y pueden ser obtenidas en una variedad de formas diferentes (monolitos, recubrimientos, fibras o polvos).

El objetivo de la presente tesis estuvo dirigido a la búsqueda de aplicaciones del proceso sol-gel en el área de química analítica y biotecnología. Con este fin se formuló la hipótesis de la utilización de precursores de óxido de silicio en conjunción con diferentes moléculas orgánicas, biomoléculas y biopolímeros, de forma tal de generar modificaciones en superficies soporte. A su vez, el diseño de la composición de las matrices poliméricas estuvo dirigido a incluir los diferentes métodos de inmovilización para obtener la aplicación deseada.

La modificación de una superficie tiene, en nuestro caso, como objetivo principal reasignar características físicas y/o químicas a un soporte original. En ciertos casos tan solo un cambio estructural provoca grandes variaciones en su comportamiento. Esto fue evidenciado en un xerogel de SiO_2 generado en forma de recubrimiento sobre vidrio. El componente mayoritario de ambos, soporte y recubrimiento, es el SiO_2. Sin embargo la estructura porosa y reactiva del xerogel hace que este último se comporte de manera químicamente diferente del primero. El xerogel tiene una superficie activa mucho mayor que la del soporte dado el alto número de silanoles que recubren los poros del mismo. De esta manera una propiedad intrínseca al SiO_2, como lo es la afinidad por ciertos metales, se incrementa en la zona del material recubierta por el xerogel. Así pudo evaluarse la afinidad del recubrimiento obtenido en la adsorción y preconcentrado de Pb(II), con la finalidad de su detección en aguas naturales, en niveles inferiores a los detectados por las técnicas de rutina.

Formó parte de los objetivos e hipótesis del trabajo a realizar la obtención de recubrimientos antimicrobianos, que consistirán en redes poliméricas de SiO_2 en las cuales se incluyó antimicrobianos orgánicos. Para esto se estudiaron los monómeros más adecuados para la efectiva inclusión del antimicrobiano en la matriz y su adecuada interación. Los recubrimientos obtenidos demostraron poseer actividad antimicrobiana frente a ocho bacterias, tanto Gram negativas como Gram positivas, potenciales patógenos alimentarios. Se resalta su importancia en las situaciones en que la formación de biofilms es habitual ya que los recubrimientos podrían atrasar la formación y desarrollo de estos.

Así mismo, se estudió la obtención de un híbrido silicato-quitosano mediante la inmovilización del polisacáridos en un recubrimiento de SiO_2. El quitosano (β-(1→4)-2-amino-2-deoxi-D-glucosa) posee la capacidad de adsorber metales pesados por coordinación de estos con sus grupos amino. Se enfrento el recubrimiento híbrido a soluciones de Cd(II), Cr(III) y Cr(VI), demostrándose que las propiedades de adsorción del quitosano se mantenían aun inmovilizado. Se comprobó que tanto la dependencia del pH en la adsorción de metales como la capacidad máxima de adsorción resultan similares para el quitosano tanto en forma libre como en forma de inmovilizando.

Con el fin de obtener soportes con anticuerpos inmovilizados, se desarrolló metodologías apropiadas para la unión covalente de la biomolécula y su correcta orientación espacial. Para evaluar la aplicabilidad de dicha unión se planteó el uso de modificación de portaobjetos con anticuerpos específicos a antígenos bacterianos y su posterior exposición a suspensiones mezcla de microorganismos para la recuperación específica de la bacteria blanco. Este modelo fue aplicado sobre columnas de Electroforesis Capilar para obtener paredes internas con inmunoafinidad a antígenos determinados.

La versatilidad de esta metodología se volcó a la obtención de improntas de inmunofluorescencia indirecta para la detección de infecciones por parásitos o bacterias, anclando células de *Trypanosoma cruzi* (o *Leishmania guyanensis*) por las proteínas de membrana. Las ventajas de este tipo de impronta fueron comparadas con las comúnmente utilizadas. Las improntas generadas mediante este método tuvieron un desempeño comparable con el de las improntas obtenidas por los métodos tradicionales de fijación (calor), pero con el beneficio de su estabilidad en el tiempo. Mientras las improntas fijadas por calor deben ser utilizadas en el día de su generación, las improntas obtenidas por el método sol-gel pueden ser usadas por lo menos hasta dos meses luego de su preparación conservando su título.

El trabajo de extraer un razonamiento de la nada, o interpretarlo desde el todo, debe ser remunerado como cualquier otra labor, por el tiempo y esfuerzo que insume. Como todo el resto de los bienes, una vez libre ese razonamiento tiene un único propietario, cada persona que le de un uso útil.

Printed by Books on Demand GmbH, Norderstedt / Germany